暖通工程与节能技术分析

徐　洁　张振兴　柴海婧　主编

汕頭大學出版社

图书在版编目（CIP）数据

暖通工程与节能技术分析 / 徐洁，张振兴，柴海婧主编．-- 汕头 : 汕头大学出版社，2024.4
ISBN 978-7-5658-5277-0

Ⅰ．①暖… Ⅱ．①徐… ②张… ③柴… Ⅲ．①房屋建筑设备－采暖设备－节能设计②房屋建筑设备－通风设备－节能设计 Ⅳ．①TU83

中国国家版本馆 CIP 数据核字（2024）第 083529 号

暖通工程与节能技术分析
NUANTONG GONGCHENG YU JIENENG JISHU FENXI

主　　编：徐　洁　张振兴　柴海婧
责任编辑：黄洁玲
责任技编：黄东生
封面设计：刘梦杳
出版发行：汕头大学出版社
广东省汕头市大学路 243 号汕头大学校园内　邮政编码：515063
电　　话：0754-82904613
印　　刷：廊坊市海涛印刷有限公司
开　　本：710mm × 1000mm 1/16
印　　张：10.5
字　　数：180 千字
版　　次：2024 年 4 月第 1 版
印　　次：2024 年 4 月第 1 次印刷
定　　价：56.00 元
ISBN 978-7-5658-5277-0

编委会

主　编　徐　洁　张振兴　柴海婧

副主编　张宇翔　刘旭峰　岁本国

　　　　陈东军　许庆辉　柳　莎

前　言

随着我国经济的发展和社会物质文明的进步，暖通空调行业在工程建设领域和人民生活中的位置越来越重要，暖通空调技术越来越先进，设备系统也越来越复杂，同时社会对本专业的期望也越来越高。暖通空调专业肩负着两个方面的使命，一是为人类生活、工作、学习和生产、科研提供高质量的人工环境，二是尽可能降低能源的消耗和减少有害物的排放。特别是我国，资源形势严峻，节能减排任重道远，暖通空调行业作为能耗大户，有着不可回避的义务和责任。暖通空调业近几年以惊人的速度在发展，工程设计队伍也随之迅速扩张。但是，专业应用技术领域在很大程度上还停留在传统的高能耗、低效率的水平上，大批设计新手还在延续着传统设计方法甚至以粗放的设计手法应对着繁重的设计任务。所以，本专业面临的任务是：设计理念需要更新，设计方法需要改进，年轻设计人员需要用先进的理论和技术进行培养。

能源消耗量的大小决定着我国国民经济的发展快慢。建设生态文明、推进新型城镇化节能绿色低碳发展、应对气候变化是当前和未来一个阶段建设领域的发展目标和重点。在新的时期，我们要继续发挥行业的作用和功能，承担起建筑领域节能减排的重任，创造适宜的人工室内环境，满足人们工作、生活、生产的需求，同时加强暖通空调专业与其他相关专业的协作，在专业设计中充分体现设计创新、技术创新、理念创新的思路，使设计与创新有机地结合起来，共同推动我国建筑节能事业的发展，为我国可持续发展的低碳经济之路作出贡献。

在我国经济发展的背景下，建筑能耗占整个能耗的比例逐渐提高，建筑节能在我国的可持续发展中所占比重也在逐渐加大，其中建筑设备在运行中的节能所占到的比例比较大。换言之，设备在运行期间的效率如何以及运行策略如何，对建筑节能最终的目标实现与否产生直接影响。

本书主要介绍了暖通工程、供热工程、集中供热方面的基本知识，以通风与空调工程为切入点，详细阐述了通风与空气调节的任务和作用、通风与空气调节工程的基本方法等，并从多维度探讨了室外供热管网设计、暖通空调设备、暖通空调系统节能运行 、集中供热系统等内容。本书突出了基本概念与基本原理，在写作时尝试多方面知识的融会贯通，注重知识层次递进，同时注重理论与实践的结合。希望可以给广大读者提供借鉴或帮助。

由于作者学术水平和工作经验有限，书中一些观点和内容还不是很完善，同时也难免有不少疏漏和不妥之处，敬请同行和读者批评指正，提出宝贵意见，以便日后加以完善。

目　录

第一章　通风与空调工程

第一节　通风与空气调节的任务和作用

人类在生存中，长期与自然环境做着斗争，其目的就是要消除外界环境对人类的危害。夏季的炎热、冬季的寒冷，都会妨碍人类正常的生产和生活，甚至会危及人体的健康乃至生命。在工业生产中，某些生产过程会散发各种粉尘、蒸气和气体等有害物污染空气环境，给人类的健康、动植物的生长以及工业生产带来许多危害。例如，在选矿、烧结和铸造车间，生产过程中产生大量粉尘，工人长期在这种含尘量高的空气中工作，会引起严重的矽肺病。

随着社会的发展，人类在抵御环境侵害的能力方面，手段越来越多。从消极防御逐步发展到积极主动地去控制环境，并且能从保证人类生存的基本条件逐步发展为创造合适的空气环境。例如，在各种精密机械和仪器的生产过程中，由于加工产品的精度高，其装配和检验过程十分严格，因此需要把空气的温度和湿度控制在相当小的范围内，如某些计量室，要求全年保持空气温度为20 ± 0.1℃，相对湿度为50 ± 5%的空气环境。又如在电子工业中，大规模集成电路产品的体积缩小数千倍，这不仅对空气温度、湿度有一定的要求，而且对空气中所含尘粒的大小和数量也有相当严格的规定。因此，在电子工业中要建立大量的“洁净室”，以降低空气中灰尘颗粒的含量，以免引起集成电路短路或腐蚀。

纺织、合成纤维、印刷、电影胶片洗印、大型生产过程的控制室等都对环境的温、湿度有不同程度的控制要求；在农业方面，大型温室、机械化畜类养殖场和生物生长室等，同样需要控制环境的温、湿度；而对于食品的保存，则要创造适于食品保存的空气环境；在科学研究、国防和军事方面，也对室内空气环境有一定的要求，如地下工程（武器弹药库、隧道、地下铁道等）的通风减湿、特殊空间环境的创造和控制，等等。随着经济的发展和人民生活水平的提高，不仅对体育馆、商场、影剧院、饭店、医院等公共设施，甚至对居室都要求设置完善的通风空调系统，保证使人体舒适的空气环境。

综上所述，无论在生产工艺中为了保证产品的质量，还是在工业及民用建筑中满足人的活动和舒适的需要，都要维持一定的空气环境。而这种采用人工的方法，创造和保证满足一定的空气环境，就是通风与空气调节的任务。通风的目的是把室外新鲜空气经过适当处理（如过滤、加热、冷却等）送至室内，把室内废气经除尘、除害等处理后排至室外，从而保证室内空气的新鲜程度，达到国家规定的卫生标准，以及排放到室外的废气符合排放标准。通风的根本作用就是控制生产过程中产生的粉尘、有毒有害气体、高温、高湿，从而创造良好的生产环境和保护大气环境。

空气调节是通风的高级形式，它的作用是采用人工的方法，创造和保持一定的温度、湿度、气流速度以及一定的室内空气洁净度（简称“四度”），以满足生产工艺和人体的舒适性要求。随着现代技术的发展，人们越来越注重建筑的生态环境。因此，空气调节有时还对空气的成分、良好的光环境、声环境等提出要求。空气调节分为舒适性空调和工艺性空调两类，前者是为了保证人体健康和舒适性要求，后者是满足生产过程的需要，两者是互相统一的。对于有特殊要求的生产工艺过程，则可根据生产需要，建立生产工艺所需的空调系统。

综上所述，通风与空气调节与工农业生产、科学研究和国防军事的发展紧密相关，与人民的生活息息相关，随着国民经济的发展和人民生活水平的提高，其应用将更加广泛。

第二节　通风与空气调节工程的基本方法

室内的空气环境，一般要受两个方面的干扰：一方面是来自室内生产过程和人所产生的余热、余湿及其他有害物的干扰；另一方面是来自室外太阳辐射和气候变化所产生的外热作用及外部有害物的干扰。因此，通风及空气调节的基本方法就是采用适当的手段，消除室内、室外两个方面的干扰，从而达到控制室内空气环境的目的。通风与空调，不仅要研究对空气的各种处理方法，还要研究室内空间各种干扰量的计算、通风空调系统各组成部分的设计选择、处理空气冷热源的选择以及干扰变化情况下通风空调系统的运行调节、自动控制等问题。

全面送风系统，新鲜空气经百叶窗进入空气处理室，在空气处理室中，空气首先经过滤器，除掉空气中的灰尘，然后进入空气换热器，在换热器中经加热或冷却处理后，经风机、风道、送风口送入房间。

全面排风系统，主要用于处理生产车间产生的粉尘、有害气体等。在该系统中，有害物经排风口、排风管道从室内抽出，经除尘或净化设备处理达到排放标准后，经风帽排至室外。

空气调节系统，新风经百叶窗进入空气处理室后，经过滤、加热（或冷却）处理，再由风机送到房间。在空气的处理过程中，空调系统不是简单地对空气进行过滤、加热，而是从温度、湿度等多方面对空气综合控制。总的来说，空气调节系统的空气处理室要比通风系统的更复杂，对空气参数的处理精度也比通风系统更高。

通风与空调工程课程，是高等职业技术教育供热通风与空气调节工程技术专业的一门主要专业课，是一门实践性很强的工学结合课程。本课程以热工学基础、流体力学泵与风机为基础，同时，又与空调用制冷技术、供热工程、锅炉房与换热站、建筑设备控制技术等课程密切相关。在实际工程中，需要综合应用上述各方面的理论与实践知识，才能顺利完成通风空调对象的设计、施工安装及运行管理任务。

第三节　通风方式

一、有害物浓度、卫生标准和排放标准

随着人们生活水平的提高，与生活环境美化程度要求相应的室内装饰、装修的范围越来越广。然而，根据调查统计，世界上30%新建和重建的建筑物中所发现的有害于健康的污染，尤其是有些新型的装饰材料散发的大量的有害物质，是造成室内环境污染的最主要因素之一，已被列入对公众健康危害最大的五种环境因素之一。

（一）污染物的分类

按污染物性质，可分为化学污染物、物理污染物和生物污染物。化学污染物分为无机污染物、有机污染物；物理污染物分为噪声、微波辐射和放射性污染物；生物污染物分为微生物和病毒污染。按污染物在空气中的状态，可分为气体污染物和颗粒状污染物。

1.气体污染物

气体污染物无论是气体分子还是蒸气分子，它们的扩散情况与自身的相对密度有关系，相对密度小者向上飘浮，相对密度大者向下沉降，如SO_2、CO、CH_4、NO_x、HF、O_2等，并受气象条件的影响，可随气流扩散到很远的地方。

2.颗粒状污染物

颗粒状污染物是分散在大气中的微小液体和固体颗粒，粒子在空气中的悬浮状态与粒径、密度有关。粒径大于100μm的颗粒物可较快地沉降到地面上，称为降尘；粒径小于10μm的颗粒物可长期飘浮在大气中，称为飘尘。飘尘具有胶体性质，故称为气溶胶。它易随呼吸进入人体肺脏，在肺泡内沉积，并可进入血液，对人体健康危害极大。因为它们可以被人体吸收，又可称为可吸入粒子。

（二）室内污染物的来源

根据建筑使用功能的不同，不同建筑中污染物的来源也不同。

1.工业建筑中污染物的来源

工业有害物主要是指工业生产中散发的粉尘、有害蒸气和气体、余热、余湿。工业建筑中的主要污染物是伴随生产工艺过程产生的，来源于工业生产中所使用或生产的原料、辅助原料、半成品、成品、副产品以及废气、废水、废渣和废热。不同的生产过程有着不同的污染物，能够通过人的呼吸进入人体内部危害人体，又能通过人体外部器官的接触伤害人体，对人体健康有极大的危害和影响。污染物的种类和发生量必须通过对工艺过程详细了解后获得，通常应咨询工艺工程师和查阅有关的工艺手册得到。

2.民用建筑中污染物的来源

民用建筑中的空气污染不像工业建筑那么严重，却存在多种污染源，导致空气品质下降。民用建筑中各种污染物的来源主要有以下六个方面：

（1）室内装饰材料及家具的污染。它们是造成室内空气污染的主要因素，如油漆、胶合板、刨花板、内墙涂料、塑料贴面、粘合剂等物品均会挥发甲醛、苯、甲苯、氯仿等有毒气体，且具有相当的致癌性。

（2）无机材料的污染。例如，由地下土壤和建筑物墙体材料和装饰石材、地砖、瓷砖中的放射性物质释放的氡气污染。氡气是无色无味的天然放射性气体，对人体危害极大。

（3）室外污染物的污染。室外大气环境的严重污染加剧了室内空气的污染程度。由室外空气带入的污染物，如固体颗粒、SO_2、花粉等。

（4）燃烧产物造成的室内空气污染。做饭与吸烟是室内燃烧的主要途径，厨房中的油烟和烟气中的烟雾成分极其复杂，其中含有多种致癌物质。

（5）人体产生的污染。人体自身的新陈代谢及各种生活废弃物的挥发也是室内空气污染的一种途径。人体本身通过呼吸道、皮肤、汗腺可排出大量的污染物；另外，如化妆、洗涤、灭虫等也会造成室内空气污染。

（6）设备产生的污染。如复印机，甚至空气处理设备本身。

（三）有害物浓度

有害物对人体的危害，不但取决于有害物的性质，还取决于有害物在空气中的含量。单位体积空气中的有害物含量称为浓度。一般来说，有害物浓度愈大，有害物的危害也愈大。

有害蒸气或气体的浓度有两种表示方法，一种是质量浓度，另一种是体积浓度。质量浓度即每立方米空气中所含有害蒸气或气体的毫克数，以mg/m^3表示；体积浓度即每立方米空气中所含有害蒸气或气体的毫升数，以mL/m^3表示。因为$1m^3=10^6mL$，常采用百万分率符号ppm表示，即$1mL/m^3=1ppm$，1ppm表示空气中某种有害蒸气或气体的体积浓度为百万分之一。例如，通风系统中，若二氧化硫的浓度为10ppm，就相当于每立方米空气中含有二氧化硫10mL。

在标准状况下，质量浓度和体积浓度可以按式（1–1）进行换算：

$$Y=\frac{M\times10^3}{22.4\times10^3}\cdot C \tag{1–1}$$

式中：Y——有害气体的质量浓度，mg/m^3；

M——有害气体的摩尔质量，g/mol；

C——有害气体的体积浓度，ppm或mL/m^3。

粉尘在空气中的含量，即含尘浓度也有两种表示方法：一种是质量浓度；另一种是颗粒浓度，即每立方米空气中所含粉尘的颗粒数。在工业通风与空气调节技术中，一般采用质量浓度，颗粒浓度主要用于要求超净的车间。

（四）卫生标准和排放标准

1.《工作场所有害因素职业接触限值　第1部分：化学有害因素》（GBZ 2.1–2019）的有关规定

本标准规定了工作场所化学有害因素的职业接触限值，适用于工业企业卫生设计及存在或产生化学有害因素的各类工作场所，适用于工作场所卫生状况、劳动条件、劳动者接触化学因素的程度、生产装置泄露、防护措施效果的监测、评价、管理及职业卫生监督检查等。

职业接触限值（OELs）是指职业性有害因素的接触限制量值。指劳动者在职业活动过程中长期反复接触，对绝大多数接触者的健康不引起有害作用的容许接触水平。化学有害因素的职业接触限值包括时间加权平均容许浓度、短时间接触容许浓度和最高容许浓度三类。时间加权平均容许浓度（PC-TWA）是指以时间为权数规定的8h工作日、40h工作周的平均容许接触浓度。短时间接触容许浓度（PC-STEL）是指在遵守PC-TWA前提下容许短时间（15min）接触的浓度。最高容许浓度（MAC）是指工作场所空气中任何一次有代表性的采样测定均不得超过的浓度。超限倍数是指对未制定PC-STEL的化学有害因素，在符合8h时间加权平均容许浓度的情况下，任何一次短时间（15min）接触的浓度均不应超过的PC-TWA的倍数值。

对未制定PC-STEL的化学物质和粉尘，采用超限倍数控制其短时间接触水平的过高波动。在符合PC-TWA的前提下，粉尘的超限倍数是PC-TWA的2倍；化学物质的超限倍数（视PC-TWA限值大小）是PC-TWA的1.5～3倍。

工作场所有害因素职业接触限值是用人单位监测工作场所环境污染情况，评价工作场所卫生状况和劳动条件以及劳动者接触化学因素程度的重要技术依据，也是职业卫生监督管理部门实施职业卫生监督检查、职业卫生技术服务机构开展职业病危害评价的重要技术法规依据。

2.《民用建筑工程室内环境污染控制标准》（GB 50325-2020）的有关规定

本规范适用于新建、扩建和改建的民用建筑工程室内环境污染控制。本规范控制的室内环境污染物有氡（简称Rn-222）、甲醛、氨、苯和总挥发性有机化合物（简称TVOC）。

民用建筑工程根据控制室内环境污染的不同要求，划分为以下两类：Ⅰ类民用建筑工程：住宅、医院、老年建筑、幼儿园、学校教室等民用建筑工程；Ⅱ类民用建筑工程：办公楼、商店、旅馆、文化娱乐场所、书店、图书馆、展览馆、体育馆、公共交通候室、餐厅、理发店等民用建筑工程。

表面氡析出率是指单位面积、单位时间土壤或材料表面析出的氡的放射性活度。内照射指数（I_{Ra}）是指建筑材料中天然放射性核素镭-226的放射性比活度，除以比活度限量值200而得的商。外照射指数（I_{Y}）是指建筑材料中天然放射性核素镭-226、钍-232和钾-40的放射性比活度，分别除以比活度限量值370、260、4200而得的商之和。氡浓度是指单位体积空气中氡的放射性活度。

民用建筑工程所使用的砂、石、砖、砌块、水泥、混凝土、混凝土预制构件等无机非金属建筑主体材料，其放射性限量应符合≤1.0的规定。

3.《室内空气质量标准》（GB/T 18883-2022）的有关规定

本标准适用于住宅和办公建筑物，其他室内环境可参照本标准执行。室内空气应无毒、无害、无异常臭味。

4.《大气污染物综合排放标准》（GB 16297-1996）的有关规定

本标准适用于现有污染源大气污染物排放管理，以及建设项目的环境影响评价、设计、环境保护设施竣工验收及其投产后的大气污染物排放管理。

最高允许排放浓度是指处理设施后排气筒中污染物任何1h浓度平均值不得超过的限值；或指无处理设施排气筒中污染物任何1h浓度平均值不得超过的限值。最高允许排放速率是指一定高度的排气筒任何1h排放污染物的质量不得超过的限值。无组织排放是指大气污染物不经过排气筒的无规则排放。低矮排气筒的排放属有组织排放，但在一定条件下也可造成与无组织排放相同的后果。因此，在执行“无组织排放监控浓度限值”指标时，由低矮排气筒造成的监控点污染物浓度增加不予扣除。

本标准设置下列三项指标：

（1）通过排气筒排放废气的最高允许排放浓度。

（2）通过排气筒排放的废气，按排气筒高度规定的最高允许排放速率。

任何一个排气筒必须同时遵守上述两项指标，超过其中任何一项均为超标排放。

（3）以无组织方式排放的废气，规定无组织排放的监控点及相应的监控浓度限值。该指标由省、自治区、直辖市人民政府环境保护行政主管部门决定是否在本地区实施，并报国务院环境保护行政主管部门备案。

本标准规定的最高允许排放速率，现有污染源分为一、二、三级，新污染源分为二、三级。按污染源所在的环境空气质量功能区类别，执行相应级别的排放标准，即：位于一类区的污染源执行一级标准（一类区禁止新、扩建污染源，一类区现有污染源改建执行现有污染源的一级标准）；位于二类区的污染源执行二级标准；位于三类区的污染源执行三级标准。

二、通风方式

通风是指为改善生产和生活条件，采用自然或机械的方法，对某一空间进行换气，以造成安全、卫生等适宜空气环境的技术。即用自然或机械的方法向某一房间或空间送入室外空气和由某一房间或空间排出空气的过程，送入的空气可以是处理的，也可以是不经处理的。换句话说，通风是利用室外空气（称“新鲜空气”或“新风”）来置换建筑物内的空气（简称“室内空气”）以改善室内空气品质。通风的功能主要是为提供人呼吸所需要的氧气；稀释室内污染物或气味；排除室内工艺过程产生的污染物；除去室内多余的热量（称“余热”）或湿量（称“余湿”）；提供室内燃烧设备燃烧所需的空气。建筑中通风系统，可能只完成其中的一项或几项任务，其中利用通风除去室内余热和余湿的功能是有限的，它受室外空气状态的限制。通风系统的通风方式可从通风系统的服务对象、气流方向、控制空间区域范围和动力等角度进行分类。

（一）根据通风服务对象的不同

可分为民用建筑通风和工业建筑通风。民用建筑通风是对民用建筑中人员及活动所产生的污染物进行治理而进行的通风；工业建筑通风是对生产过程中的余热、余湿、粉尘和有害气体等进行控制和治理而进行的通风。

（二）根据通风气流方向的不同

可分为排风和进风。排风是在局部地点或整个房间内，把不符合卫生标准的污浊空气排至室外；进风是把新鲜空气或经过净化符合卫生要求的空气送入室内。

（三）根据通风控制空间区域范围的不同

可分为局部通风和全面通风。局部通风是指为改善室内局部空间的空气环境，向该空间送入或从该空间排出空气的通风方式；全面通风也称稀释通风，是对整个车间或房间进行通风换气，将新鲜的空气送入室内，以改变室内的温、湿度和稀释有害物的浓度，同时把污浊空气不断排至室外，使工作地带的空气环境符合卫生标准的要求。

防止室内有害物污染空气的最有效方法是采用局部通风，局部通风系统所需要的风量小、效果好，设计时应优先考虑。但是，如果由于条件限制、有害物源不固定等原因，不能采用局部通风，或者采用局部通风后，室内有害物浓度仍达不到卫生要求时，可采用全面通风，全面通风所需要的风量大大超过局部通风，相应的设备也比较大。

（四）根据通风系统动力的不同

可分为机械通风和自然通风。机械通风是依靠风机造成的压力作用使空气流动的通风方式；自然通风是依靠室外风力造成的风压，以及由室内外温差和高度差产生的热压使空气流动的通风方式。自然通风不需要专门的动力，在某些热车间是一种经济有效的通风方式。

三、建筑物的通风

住宅建筑中的厨房及无外窗卫生间通常污染源较集中，机房设备通常会产生大量余热、余温、泄露制冷剂或可燃气体等，变配电器室内温度太高，会影响设备工作效率，汽车在行驶过程中通常会排出CO、NOx等其他有害物。而这些场所靠自然通风往往不能满足使用和安全要求，应设置机械通风系统。机械送风系统进风口的位置应符合下列规定：为了使送入室内的空气免受外界环境的不良影响而保持清洁，进风口应设在室外空气较清洁的地点。为了防止排风（特别是散发有害物质的排风）对进风的污染，进、排风口的相对位置，应遵循避免短路的原则；进风口宜低于排风口3m以上，当进排风口在同一高度时，宜在不同方向设置，且水平距离一般不宜小于10m。为了防止送风系统把进风口附近的灰尘、碎屑等扬起并吸入，故规定进风口下缘距室外地坪不宜小于2m，同时还规定当布置在绿化地带时，不宜小于1m。建筑物全面排风系统吸风口的布置，在不同情况下应有不同的设计要求，目的是保证有效地排除室内余热、余温及各种有害物质。具体应符合下列规定：位于房间上部区域的吸风口，除用于排除氢气与空气混合物时，吸风口上缘至顶棚平面或屋顶的距离不大于0.4m；用于排除氢气与空气混合物时，吸风口上缘至顶棚平面或屋顶的距离不大于0.1m；用于排除密度大于空气的有害气体时，位于房间下部区域的排风口，其下缘至地板距离不大于0.3m；因建筑结构造成有爆炸危险气体排出的死角处，应设置导流设施。

（一）住宅通风

由于人们对住宅空气品质的要求提高，而室外气候条件恶劣、噪声等因素限制了自然通风的应用，国内外逐渐增加了机械通风在住宅中的应用。但当前住宅机械通风系统的发展还存在如下局限：室内通风量的确定，国家标准中只对单人需要新风量提出要求，而对于人数不确定的房间如何确定其通风量没有提及，也缺乏相应的测试和模拟分析；系统形式的研究，国内对于住宅通风系统还没有明确分类，也缺乏相应的实际工程对不同系统形式进行比较。对于房间内排风和送风方式对室内污染物和空气流场的影响，缺乏相应的分析；对于不同系统在不同气候条件下的运行和控制策略缺乏探讨；住宅通风类产品还有待增加和改善。

住宅内的通风换气应首先考虑采用自然通风，但在无自然通风条件或自然通风不能满足卫生要求的情况下，应设机械通风或自然通风与机械通风结合的复合通风系统。"不能满足室内卫生条件"是指室内有害物浓度超标，影响人的舒适和健康。应使气流从较清洁的房间流向污染较严重的房间，因此使室外新鲜空气首先进入起居室、卧室等人员主要活动、休息场所（注：采用自然通风的生活、工作的房间的通风开口有效面积不应小于该房间地板面积的5%），然后从厨房、卫生间排出到室外，是较为理想的通风路径。

而住宅厨房及无外窗卫生间污染源较集中，应采用机械排风系统，设计时应预留机械排风系统开口；厨房和卫生间全面通风换气次数不宜小于 3 次 /h，为保证有效的排气，应有足够的进风通道，当厨房和卫生间的外窗关闭或卫生间无外窗时，需通过门进风，应在下部设置有效截面积不小于 $0.02m^2$ 时的固定百叶，或距地面留出不小于 30mm 的缝隙。厨房排油烟机的排气量一般为 300 ~ $500m^3/h$，有效进风截面积不小于 $0.02m^2$ 时，相当于进风风速 4 ~ 7m/s，由于排油烟机有较大压头，换气次数基本可以满足 3 次 /h 的要求。卫生间排风机的排气量一般为 80 ~ $100m^3/h$，虽然压头较小，但换气次数也可以满足要求；住宅建筑的厨房、卫生间宜设竖向排风道，竖向排风道应具有防火、防倒灌的功能，顶部应设置防止室外风倒灌装置，排风道设置位置和安装应符合《住宅厨房和卫生间排烟（气）道制品》（JG/T 194–2018）的要求。

（二）设备机房通风

机房设备会产生大量余热、余湿、泄露的制冷剂或可燃气体等，设备机房应保持良好的通风。但一般情况靠自然通风往往不能满足使用和安全要求，因此应设置机械通风系统，并尽量利用室外空气为自然冷源排除余热、余湿。不同的季节应采取不同的运行策略，实现系统节能。设备有特殊要求时，其通风应满足设备工艺要求。

1.制冷机房的通风

制冷设备的可靠性不好会导致制冷剂的泄露，从而带来安全隐患，制冷机房在工作过程中会产生余热，良好的自然通风设计能够较好地利用自然冷量消除余热，稀释室内泄露制冷剂，达到提高安全保障并且节能的目的。制冷机房采用自然通风时，机房通风所需要的自由开口面积可按下式计算：

$$F=0.138G^{0.5} \tag{1-2}$$

式中：F——自由开口面积，m^3；

G——机房中最大制冷系统灌注的制冷工质量，kg。

制冷机房设备间排风系统宜独立设置且应直接排向室外。冬季室内温度不宜低于10℃，冬季值班温度不应低于5℃，夏季不宜高于35℃。制冷机房可能存在制冷剂的泄漏，对于泄漏气体密度大于空气时，设置下部排风口更能有效排除泄漏气体，但一般排风口应上、下分别设置。

（1）氟制冷机房应分别计算通风量和事故通风量。当机房内设备放热量的数据不全时，通风量可取（4～6）次/h。事故通风量不应小于12次/h。事故排风口上沿距室内地坪的距离不应大于1.2m。

（2）氨是可燃气体，其爆炸极限为16%～27%，当氨气大量泄漏而又得不到吹散稀释的情况下，如遇明火或电气火花，则将引起燃烧爆炸。因此，氨冷冻站应设置可靠的机械排风和事故通风排风系统来保障安全。机械排风通风量不应小于3次/h，事故通风量宜按183m^3/（m^2·h）进行计算，且最小排风量不应小于34000m^3/h。事故排风机应选用防爆型，排风口应位于侧墙高处或屋顶。

连续通风量按每平方米机房面积9m^3/h和消除余热（余热温升不大于10℃）计算，取二者最大值。事故通风的通风量按排走机房内由于工质泄露或系统破坏散发的制冷工质确定，根据工程经验，可按下式计算：

$$L=247.8G^{0.5} \tag{1-3}$$

式中：L——连续通风量，m^3/h；

G——机房中最大制冷系统灌注的制冷工质量，kg。

（3）吸收式制冷机在运行中属真空设备，无爆炸可能性，但它是以天然气、液化石油气、人工煤气为热源燃料，火灾危险性主要来自这些有爆炸危险的易燃燃料以及因设备控制失灵、管道阀门泄漏以及机件损坏时的燃气泄漏，机房因液体蒸汽、可燃气体与空气形成爆炸混合物，遇明火或热源产生燃烧和爆炸，应保证良好的通风。直燃溴化锂制冷机房宜设置独立的送、排风系统。燃气直燃溴化锂制冷机房的通风量不应小于6次/h，事故通风量不应小于12次/h。燃油直燃溴化锂制冷机房的通风量不应小于3次/h，事故通风量不应小于6次/h。机房的送风量应为排风量与燃烧所需的空气量之和。

2.柴油发电机房等设备机房通风

柴油发电机房及变配电室由于使用功能、季节等特殊性，设置独立的通风系统能有效保障系统运行效果和节能，对于大、中型建筑更为重要。

柴油发电机房宜设置独立的送、排风系统。其送风量应为排风量与发电机组燃烧所需的空气量之和。柴油发电机房内的储油间应设机械通风，风量应按≥5次/h换气选取。柴油发电机与排烟管应采用柔性连接；当有多台合用排烟管时，排烟管支管上应设单向阀；排烟管应单独排至室外；排烟管应有隔热和消声措施。绝热层按防止人员烫伤的厚度计算，柴油发电机的排烟温度宜由设备厂商提供。

3.变配电室等设备机房通风

变配电室通常由高、低压器配电室及变压器组成，其中电器设备散发一定的热量，尤以变压器的发热量为大。若变配电器室内温度太高，会影响设备工作效率。地面上变配电室宜采用自然通风，当不能满足要求时应采用机械通风；地面下变配电室应设置机械通风。当设置机械通风时，气流宜由高低压配电区流向变压器区，再由变压器区排至室外。变配电室宜独立设置机械通风系统。设置在变配电室内的通风管道应采用不燃材料制作。

变配电室的通风量应按以下方式确定：

（1）根据热平衡公式（1-4）计算确定：

$$L=\frac{Q}{0.337\times(t_p-t_s)} \tag{1-4}$$

其中，变压器发热量Q（kW）可由设备厂商提供或按下式计算：

$$Q=(1-\eta_1)\cdot\eta_2\cdot\varphi\cdot W=(0.0126\sim0.0152)\ W \tag{1-5}$$

式中：η_1——变压器效率，一般取0.98；

η_2——变压器负荷效率，一般取0.70～0.80；

φ——变压器功率因数，一般取0.90～0.95；

W——变压器功率（kV・A）。

（2）当资料不全时，可采用换气次数法确定通风量，一般变电室5～8次/h、配电室3～4次/h。排风温度不宜高于40℃。当通风无法保障变配电室设备工作要求时，宜设置空调降温系统。下列情况变配电室可采用降温装置，但最小新风量应≥3次/h换气或≥5%的送风量：

①机械通风无法满足变配电室的温度、湿度要求；

②变配电室附近有现成的冷源，且采用降温装置比通风降温合理。

（三）汽车库通风

汽车库（场）是用来停放或维修车辆的场所。科学分析表明，汽车尾气中含有上百种不同的化合物，其中的污染物有固体悬浮微粒、CO、CO_2、C_mH_n、NOx、Pb及SO_x等，一辆轿车一年排出的有害废气比自身重量大3倍，汽车在汽车库内的行驶过程会释放大量尾气。通过相关实验分析得出，将汽车排出的CO稀释到容许浓度时，NOx和C_mH_n远远低于它们相应的允许浓度。也就是说，只要保证CO浓度排放达标，其他有害物即使有一些分布不均匀，也有足够的安全倍数保证将其通过排风带走。所以，以CO为标准来考虑车库通风量是合理的。选用国家现行有关工业场所有害因素职业接触限值标准的规定，CO的短时间接触容许浓度为30mg/m^3。汽车库通风应符合下列规定：自然通风时，车库内CO最高允许浓度大于30mg/m^{3}时，应设机械通风系统。汽车库应按下列原则确定通风方式：地上单排车位≤30辆的汽车库，当可开启门窗的面积≥2m^2/辆且分布较均匀时，可采用自然通风方式。当汽车库可开启门窗的面积≥0.3m^2/辆且分布较均匀时，可采用机械排风、自然进风的通风方式。当汽车库不具备自然进风条件时，应设置机械送风、排风系统。送排风量宜采用稀释浓度法计算，对于单层停放的汽车库可采用换气次数法计算，并应取两者较大值。送风量宜为排风量的80%～90%。

（1）用于停放单层汽车的换气次数法

①汽车出入较频繁的商业类等建筑，按6次/h换气选取。

②汽车出入一般的普通建筑，按5次/h换气选取。

③汽车出入频率较低的住宅类等建筑，按4次/h换气选取。

④当层高<3m时，应按实际高度计算换气体积；当层高≥3m时，可按3m高度计算换气体积。

但采用换气次数法计算通风量时存在以下问题：车库通风量的确定，此时通风目的是稀释有害物以满足卫生要求的允许浓度。也就是说，通风风量的计算与有害物的散发量及散发时的浓度有关，而与房间容积（房间换气次数）并无确定的数量关系。例如，两种有害物散发情况相同，且平面布置和大小也相同，只是层高不同的车库，按有害物稀释计算的排风量是相同的，但按换气次数计算，二者的排风量就不同了。换气次数法并没有考虑到实际中的（部分或全部）双层停车库或多层停车库情况，与单层车库采用相同的计算方法也是不尽合理的。以上说明换气次数法有其固有弊端。正因为如此，提出对于全部或部分为双层或多层停车库情形，排风量应按稀释浓度法计算；单层停车库的排风量宜按稀释浓度法计算，如无计算资料时，可参考换气次数估算。

（2）当全部或部分为双层停放汽车时，宜采用单车排风量法：①汽车出入较频繁的商业类等建筑，按每辆500m³/h选取；②汽车出入频率一般的普通建筑，按每辆400m³/h选取；③汽车出入频率较低的住宅类等建筑，按每辆300m³/h选取。

（3）当采用稀释浓度法计算排风量时，建议采用以下公式，送风量应按排风量的80%～90%选用：

$$L=\frac{G}{y_1-y_0} \tag{1-6}$$

式中：L——车库所需的排风量，m³/h；

G——车库内排放CO的量，mg/h；

y_1——车库内CO的允许浓度，为30mg/m³；

y_0——室外大气中CO的浓度，一般取2～3mg/m³。

$$G=My \tag{1-7}$$

式中：M——库内汽车排出气体的总量，m³/h；

y——典型汽车排放CO的平均浓度，mg/m³，根据中国汽车尾气排放现状，通常情况下可取55000mg/m^3。

$$M = \frac{T_1}{T_0} \cdot m \cdot t \cdot k \cdot n \tag{1-8}$$

式中：n——车库中的设计车位数；

k——1h内出入车数与设计车位数之比，也称车位利用系数，一般取0.5～1.2；

t——车库内汽车的运行时间，一般取2～6min；

m——单台车单位时间的排气量，m^3/min；

T_1——库内车的排气温度，500+273=773K；

T_0——库内以20℃计的标准温度，273+20=293K。

地下汽车库内排放CO的多少与所停车的类型、产地、型号、排气温度及停车启动时间等有关，一般地下停车库大多数按停放小轿车设计。按照车库排风量计算式，应当按每种类型的车分别计算其排出的气体量，但地下车库在实际使用时车辆类型、出入台数都难以估计。为简化计算，m值可取0.02～0.025m^3/（min・台）。

（4）可采用风管通风或诱导通风方式，以保证室内不产生气流死角。风管通风是指利用风管将新鲜气流送到工作区以稀释污染物，并通过风管将稀释后的污染气流收集排出室外的传统通风方式；诱导通风是指利用空气射流的引射作用进行通风的方式。当采用接风管的机械进、排风系统时，应注意气流分布的均匀性，减少通风死角。当车库层高较低，不易布置风管时，为了防止气流不畅，杜绝死角，可采用诱导式通风系统。

（5）车流量随时间变化较大的车库，风机宜采用多台并联方式或设置风机调速装置。对于车流量变化较大的车库，由于其风机设计选型时是根据最大车流量选择的（最不利原则），而车库的高峰车流量往往持续时间很短，如果持续以最大通风量进行通风，会造成风机运行能耗的浪费。这种情况，当车流量变化有规律时，可按时间设定风机开启台数；无规律时宜采用CO浓度传感器联动控制多台并联风机或可调速风机的方式，会起到很好的节能效果。CO浓度传感器的布置方式：当采用传统的风管机械进、排风系统时，传感器宜分散设置；当采用诱导式通风系统时，传感器应设在排风口附近。

（6）严寒和寒冷地区，地下汽车库宜在坡道出入口处设热空气幕，防止冷空气的大量侵入。

（7）车库内排风与排烟可共用一套系统，但应满足消防规范要求。

四、建筑物的防火排烟

（一）防烟排烟系统的作用

火灾事实充分说明，烟气是造成建筑火灾人员伤亡的主要因素。

随着城市土地资源日趋紧缺、城市规模不断扩大，城市建设不得不向高空和地下延伸。另外，受城市规划和投资与功能的限制，使得地下空间的开发利用已成为城市立体发展的重要补充手段。地下空间相对封闭、与地上联系通道有限等特点，导致发生火灾时烟气排除困难，加快了烟气在地下空间内的积聚与蔓延，也对人员疏散与灭火救援十分不利。

此外，目前大空间或超大规模的工业与民用建筑日益增多，在公共建筑中被广泛采用。在这些规模大、人员密集或可燃物质较集中的建筑或场所中，如何保证发生火灾时的人员安全疏散和消防人员救援工作安全、顺利，是建筑防火设计与监督人员应认真考虑的内容。

防烟、排烟系统的作用是及时排除火灾产生的大量烟气，阻止烟气向防烟分区外扩散，确保建筑物内人员的顺利疏散和安全避难，并为消防救援创造有利条件。建筑内的防烟、排烟是保证建筑内人员安全疏散的必要条件。

设计新建、扩建和改建的9层及9层以下的住宅（包括首层设置商业服务设施的住宅）和建筑高度不大于24m的其他民用建筑，以及建筑高度大于24m的单层公共建筑时，应按国家现行的《建筑设计防火规范》（GB 50016–2014）执行。设计新建、扩建和改建的10层及10层以上的居住建筑（包括首层设置商业服务网点的住宅）和建筑高度超过24m的公共建筑时，应按国家现行的《建筑设计防火规范》（GB 50016–2014）执行。

（二）防火防烟分区划分

建筑物中，防火和防烟分区的划分是极其重要的。有的高层建筑规模大、空间大，尤其是商业楼、展览楼、综合楼，用途广，可燃物量大，一旦起火，火势蔓延迅速、温度高，烟气也会迅速扩散，必然造成重大的经济损失和人身伤亡。因此，除应减少建筑物内部可燃物数量，对装修陈设尽量采用不燃或难燃材料以及设置自动灭火系统之外，最有效的办法是划分防火和防烟分区。

1.防火分区划分

（1）防火分区划分：防火分区的作用在于发生火灾时，可将火势控制在一定的范围内，以有利于消防扑救、减少火灾损失。

防火分区的划分，既要从限制火势蔓延、减少损失方面考虑，又要顾及便于平时使用管理，以节省投资。目前，我国高层建筑防火分区的划分，由于用途、性能的不同，分区面积大小亦不同。通常采用防火墙等防火分隔物来划分防火分区，非高层民用建筑每个防火分区的最大允许建筑面积与耐火等级有关，民用建筑的耐火等级应分为一、二、三、四级，非高层民用建筑每个防火分区的最大允许建筑面积应符合规定；高层建筑每个防火分区允许最大建筑面积与建筑类别有关，高层建筑类别分为一类建筑和二类建筑，高层建筑每个防火分区最大允许建筑面积不应超过规定。

高层建筑内的商业营业厅、展览厅等，当设有火灾自动报警系统和自动灭火系统，且采用不燃烧或难燃烧材料装修时，地上部分防火分区的允许最大建筑面积为4000m^2，地下部分防火分区的允许最大建筑面积为2000m^2。但比较可靠的防火分区应包括楼板的水平防火和垂直防火分区两部分：所谓水平防火分区，就是用防火墙或防火门、防火卷帘等将各楼层在水平方向分隔为两个或几个防火分区；所谓垂直防火分区，就是将具有1.5h或1.0h耐火极限的楼板和窗间墙（两上、下窗之间的距离不小于1.2m）将上下层隔开。当上下层设有走廊、自动扶梯、传送带等开口部位时，应将相连通的各层作为一个防火分区考虑。

与高层建筑相连的裙房建筑高度较低，火灾时疏散较快，且扑救难度也比较小，易于控制火势蔓延。当高层主体建筑与裙房之间用防火墙等防火分隔设施分开时，其裙房的最大允许建筑面积可按非高层民用建筑每个防火分区的最大允许建筑面积的规定执行。当高层建筑与其裙房之间设有防火墙等防火分隔设施时，其裙房的防火分区最大允许建筑面积不应大于2500m^2；当设有自动喷水灭火系统时，防火分区允许最大建筑面积可增加1.00倍。

高层建筑内设有上下层相连通的走廊、敞开楼梯、自动扶梯、传送带等开口部位时，应按上下连通层作为一个防火分区，其允许最大建筑面积之和不应超过规定。当上下开口部位设有耐火极限大于3.00h的防火卷帘或水幕等分隔设施时，其面积可不叠加计算。

高层建筑中庭防火分区面积应按上、下层连通的面积叠加计算，当超过一个防火分区面积时，应符合下列规定：

①房间与中庭回廊相通的门、窗，应设自行关闭的乙级防火门、窗。

②与中庭相通的过厅、通道等，应设乙级防火门或耐火极限大于3.00h的防火卷帘分隔。

③中庭每层回廊应设有自动喷水灭火系统。

④中庭每层回廊应设火灾自动报警系统。

汽车库、修车库的耐火等级应分为三级。

（2）防火分区分隔物

①防火墙应直接设置在建筑物的基础或钢筋混凝土框架、梁等承重结构上（轻质防火墙体可不受此限）。防火墙应从楼地面基层隔断至顶板底面基层。建筑物内的防火墙不宜设置在转角处。如设置在转角附近，内转角两侧墙上的门、窗洞口之间最近边缘的水平距离不应小于4.0m。防火墙上不应开设门窗洞口，当必须开设时，应设置固定的或发生火灾时能自动关闭的甲级防火门窗。

可燃气体和甲、乙、丙类液体的管道严禁穿过防火墙。其他管道不宜穿过防火墙，当必须穿过时，应采用防火封堵材料将墙与管道之间的空隙紧密填实；当管道为难燃及可燃材质时，应在防火墙两侧的管道上采取防火措施。防火墙内不应设置排气道。防火墙的构造应使防火墙任意一侧的屋架、梁、楼板等受到火灾的影响而破坏时，不致使防火墙倒塌。

②防火门按其耐火极限可分为甲级、乙级和丙级，其耐火极限分别不应低于1.20h、0.90h和0.60h。防火门的设置应符合下列规定：应具有自闭功能，双扇防火门应具有按顺序关闭的功能；常开防火门应能在火灾时自行关闭，并应有信号反馈的功能；防火门内外两侧应能手动开启；设置在变形缝附近时，防火门开启后，其门扇不应跨越变形缝，并应设置在楼层较多的一侧。防火分区间采用防火卷帘分隔时，应符合下列规定：

防火卷帘的耐火极限不应低于3.00h。当防火卷帘的耐火极限符合现行国家标准《门和卷帘的耐火试验方法》（GB/T 7633-2008）有关背火面温升的判定条件时，可不设置自动喷水灭火系统保护；符合现行国家标准《门和卷帘的耐火试验方法》（GB/T 7633-2008）有关背火面辐射热的判定条件时，应设置自动喷水灭火系统保护。自动喷水灭火系统的设计应符合现行国家标准《自动喷水灭火系统设计规范》（GB 50084-2017）的有关规定，但其火灾延续时间不应小于3.0h。

③防火卷帘应具有防烟性能，与楼板、梁和墙、柱之间的空隙应采用防火封堵材料封堵。

2.防烟分区划分

设置防烟分区能较好地保证在一定时间内，使火场上产生的高温烟气不致随意扩散，以便蓄积和迅速排除。防烟分区一般应结合建筑内部的功能分区和排烟系统的设计要求进行划分，不设排烟设施的部位（包括地下室）可不划分防烟分区。

防烟分区对于一个建筑面积较大空间的机械排烟是需要的。火灾中产生的烟气在遇到顶棚后将形成顶棚射流向周围扩散，没有防烟分区将导致烟气的横向迅速扩散，甚至引燃其他部位；如果烟气温度不是很高，则其在横向扩散过程中将与冷空气混合而变得较冷较薄并下降，从而降低排烟效果。设置防烟分区可使烟气比较集中、温度较高、烟层增厚，并形成一定压力差，有利于提高排烟效果。

《建筑设计防火规范》（GB 50016-2014）规定："需设置机械排烟设施且室内净高小于等于6.0m的场所应划分防烟分区；每个防烟分区的建筑面积不宜超过500m²，防烟分区不应跨越防火分区。"在火灾时，建筑物中防火分区内有时需要采用机械排烟方式将热量和烟气排除到建筑物外。为保证在排烟时间内能有效地组织和蓄积烟气，用于防烟分区的分隔物十分关键。因此，防烟分隔物可采用隔墙、顶棚下凸出不小于500mm的结构梁或具有一定耐火能力的装饰梁，也可采用顶棚或吊顶下凸出不小于500mm的不燃烧材料制作的帘板、防火玻璃等具有挡烟功能的物体。

但应注意以下6点：

（1）防烟分区一般不应跨越楼层。

（2）对地下室、防烟楼梯间、消防电梯间等有特殊用途的场所，应单独划分防烟分区。

（3）需设排烟设施的走道、净高不超过6m的房间应采用挡烟垂壁、隔墙或从顶棚突出不小于0.5m的梁划分防烟分区，梁或垂壁至室内地面的高度不应小于

2m；挡烟分隔体凸出顶棚的高度应尽可能大。

（4）当走道按规定需设置排烟设施，而房间（包括半地下、地下房间）可不设，且房间与走道相通的门为防火门时，可只按走道划分防烟分区。若房间与走道相通的门不是防火门时，防烟分区的划分应包括这些房间。

（5）当房间（包括半地下、地下房间）按规定需设置排烟设施，而走道可不设置排烟设施，且房间与走道相通的门为防火门时，可只按房间划分防烟分区；如房间与走道相通的门不是防火门时，防烟分区的划分应包括该走道。

（6）一般应避免面积差别太大，如100m²和500m²，若因特殊情况难以避免面积大小悬殊的防烟分区，设计时应合理布置系统和组织气流，使排烟风管和风口的速度均满足本规范的要求。

（三）防烟排烟方式

建筑中的防烟可采用机械加压送风防烟方式或可开启外窗的自然排烟方式，建筑中的排烟可采用机械排烟方式或可开启外窗的自然排烟方式。下面分别介绍采用自然排烟方式、机械排烟方式或机械加压送风防烟方式进行防烟排烟设计。

1.自然排烟方式

燃烧时的高温会使气体膨胀产生浮力，火焰上方的高温气体与环绕火的冷空气流之间的密度不同将产生压力不均匀分布，从而使建筑内的空气和烟气产生流动。自然排烟是利用建筑内气体流动的上述特性，采用靠外墙上的可开启外窗或高侧窗、天窗、敞开阳台与凹廊或专用排烟口、竖井等将烟气排除。此种排烟方式结构简单、经济，不需要电源及专用设备，且烟气温度升高时排烟效果也不下降，具有可靠性高、投资少、管理维护简便等优点。因此，上述应设防排烟设施的部位，在有条件时应尽可能采用自然排烟方式进行烟控设计。自然排烟方式受火灾时的建筑环境和气象条件影响较大，设计时应予以关注。

根据自然排烟时的烟气流动特性，当防烟楼梯间前室或合用前室利用阳台、凹廊自然排烟时，火灾时烟气经走廊扩散至敞开的前室而被排出，故此防烟楼梯间可不设防烟设施。另外，防烟楼梯间的前室或合用前室如有不同朝向的可开启外窗，且可开启外窗的面积分别不小于2.0m²和3.0m²、前室或合用前室能顺利将烟气排出，因而该防烟楼梯间可不设置防烟设施。

（1）自然排烟口的面积：《建筑设计防火规范》（GB 50016–2014）规定：设置自然排烟设施的场所，其自然排烟口的净面积应符合下列规定：

①防烟楼梯间前室、消防电梯间前室，不应小于2.0m²；合用前室，不应小于3.0m²。

②靠外墙的防烟楼梯间，每5层内可开启排烟窗的总面积不应小于2.0m²。

③中庭、剧场舞台，不应小于该中庭、剧场舞台楼地面面积的5%。

④体育馆等高大空间建筑，不应小于该场所平面面积的5%。

⑤其他场所，宜取该场所建筑面积的2%～5%。

《建筑设计防火规范》（GB 50016–2014）规定：除建筑高度超过50m的一类公共建筑和建筑高度超过100m的居住建筑外，靠外墙的防烟楼梯间及其前室、消防电梯间前室和合用前室，宜采用自然排烟方式。并且采用自然排烟的开窗面积应符合下列规定：防烟楼梯间前室、消防电梯间前室可开启外窗面积不应小于2.00m²，合用前室不应小于3.00m²。靠外墙的防烟楼梯间每五层内可开启外窗总面积之和不应小于2.00m²。长度不超过60m的内走道可开启外窗面积不应小于走道面积的2%。需要排烟的房间可开启外窗面积不应小于该房间面积的2%。净空高度小于12m的中庭可开启的天窗或高侧窗的面积不应小于该中庭地面积的5%。

对以上规定要说明几点：有条件时，应尽量加大相关开口面积。“采用自然排烟的防烟楼梯间前室可开启外窗的面积之和不应小于2.0m²。”因火灾时产生的烟气和热气流向上浮升，顶层或上两层应有一定的开窗面积，除顶层外的各层之间可以灵活设置。例如，在一座5层的建筑中，1至3层可不开窗或间隔开窗。“靠外墙的防烟楼梯间每5层内可开启外窗总面积之和不应小于2.00m²。”但当建筑层数超过5层时，总开口面积宜适当增加。

（2）自然排烟设施的设置

①为便于排除烟气，排烟窗宜设置在屋顶上或靠近顶板的外墙上方。例如，一座需进行自然排烟的5层建筑，1至5层的排烟窗可设在各层的顶板下，其中5层也可设在屋顶上。

②有些建筑中用于自然排烟的开口正常使用时需处于关闭状态，需自然排烟时这些开口要能够应急打开。因此，排烟窗口应有方便开启的装置，包括手动和自动装置。

③烟气的自然流动受较多条件的限制，为能有效地排除烟气，排烟窗距房间最远点的水平距离不应超过30m。但在设计时，为减少室外风压对自然排烟的影响，提高排烟的效果，排烟口处宜尽量设置与建筑型体一致的挡风措施，并应根据空间高度与室内的火灾荷载情况尽量缩短该距离。内走道与房间应尽量设置2个或2个以上且朝向不同的排烟窗。

2.机械排烟方式

机械排烟是利用风机的负压排出火灾区域内产生的烟气。

（1）机械排烟系统的设置应符合的规定

①横向宜按防火分区设置。防火分区是控制建筑物内火灾蔓延的基本空间单元。机械排烟系统按防火分区设置就是要避免管道穿越防火分区，从根本上保证防火分区的完整性。但实际情况往往十分复杂，受建筑的平面形状、使用功能、空间造型及人流、物流等情况的限制，排烟系统往往不得不穿越防火分区。

②穿越防火分区的排烟管道设置防火阀的情况有两种：机械排烟系统水平不按防火分区设置，或排烟风机和排烟口不在一个防火分区，此时管道在穿越防火分区处设置防火阀；竖向管道穿越防火分区时，垂直排烟管道宜设置在管井内，并在各防火分区水平支管与垂直风管的连接处设置防火阀。

③穿越防火分区的排烟管道应在穿越处设置排烟防火阀。排烟系统管道上安装排烟防火阀，在一定时间内能满足耐火稳定性和耐火完整性的要求，可起隔烟阻火作用。通常房间发生火灾时，房间内的排烟口开启，同时联动排烟风机启动排烟，人员进行疏散。当排烟管道内的烟气温度达到或超过280℃时，烟气中有可能卷吸火焰或夹带火种。因此，当排烟系统必须穿越防火分区时，应设置烟气温度超过280℃时能自行关闭的防火阀。

（2）机械排烟系统要求补风的场所：当设置了机械排烟系统的地下建筑（包括独立的地下、半地下建筑和附建的地下室、半地下室）和地上密闭场所（主要指其外墙和屋顶均未开设可开启外窗），因自然补风不能满足要求时，应同时设置补风系统（包括机械进风和自然进风），且进风量不小于排烟量的50%，以便系统组织气流，使烟气尽快并畅通地被排除。但补风量也不能过大，据有关资料介绍，一般不宜超过80%。对于一般有可开启门窗的地上建筑或自然通风良好的地下建筑，在排烟过程中空气在压差的作用下可通过通风口或门窗缝隙补充进入排烟空间内时，可不设补风系统。

（3）设置机械排烟设施的部位，其排烟量应符合下列规定：

①担负一个防烟分区排烟或净空高度大于6.00m的不划防烟分区的房间时，应按每平方米面积不小于60m³/h计算（单台风机最小排烟量不应小于7200m³/h）。

②担负两个或两个以上防烟分区排烟时，应按最大防烟分区面积每平方米不小于120m³/h计算。

③中庭体积小于或等于17000m³时，其排烟量按其体积的6次/h换气计算；中庭体积大于17000m³时，其排烟量按其体积的4次/h换气计算，但最小排烟量不应小于102000m³/h。

（4）排烟口、排烟阀和排烟防火阀的设置：①排烟口或排烟阀应按防烟分区设置，较大的防烟分区常需设置数个排烟口，排烟支管上应设置当烟气温度超过280℃时能自行关闭的排烟防火阀。排烟时，需同时开启所有排烟口，其排烟量等于各排烟口排烟量的总和，故排烟口应尽量设在防烟分区的中央部位。排烟口至该防烟分区最远点的水平距离如超过30m，将可能使烟气过于冷却而与烟气层下的空气混合在一起，影响排烟效果。此时，应调整排烟口的布置。

②排烟阀应与排烟风机联锁，当任一排烟阀开启时，排烟风机均应能自行启动。即一经报警，确认发生火灾后，由消防控制中心开启或手动开启排烟阀，则排烟风机应立即投入运行，同时关闭着火区的通风空调系统。但应注意：排烟阀要注意设置与感烟探测器联锁的自动开启装置，或由消防控制中心远距离控制的开启装置以及手动开启装置，除发生火灾时将其打开外，平时需一直保持闭锁状态。手动开启装置设置在墙面上时，距地面宜为0.8～1.5m；设置在顶棚下时，距地面宜为1.8m。

③排烟口应设置在顶棚或靠近顶棚的墙面上。为了使在疏散人员的安全出口前1.5m附近区域没有烟气，排烟口与附近安全出口（沿疏散方向）的水平距离不应小于1.5m。烟气温度较高，排烟口距可燃物较近易使可燃物引燃，故设在顶棚上的排烟口与可燃物的距离不应小于1.0m。由于烟气本身的特点，排烟风机宜设置在最高排烟口的上部，以利于排除烟气。

④排烟口风速不宜大于10m/s，过大会过多地吸入周围空气，使排出的烟气中空气所占的比例增大，影响实际排烟效果。

3.机械加压送风防烟方式

机械加压送风防烟是利用风机把一定量的室外空气送入需设置防烟的部位，使这些部位内的空气压力高于火灾区域的空气压力，从而保持门洞处有一定空气流速，以避免烟气侵入。建筑物内的防烟楼梯间及其前室、消防电梯间前室或合用前室在火灾时若无法采用自然排烟，应采用机械加压送风的防烟措施。目前，国内对不具备自然排烟条件的防烟楼梯间及其前室进行加压送风的做法有以下三种：只对防烟楼梯间进行加压送风，其前室不送风；防烟楼梯间及其前室分别设置两个独立的加压送风系统，进行加压送风；对防烟楼梯间加压送风，并在楼梯间通往前室的门上或墙上设置余压阀，将楼梯间超压的风量通过余压阀送至前室。但要注意：不同楼层的防烟楼梯间与合用前室之间的门、合用前室与走道之间的门同时开启或部分开启时，气流的走向和风量的分配十分复杂，而且防烟楼梯间与合用前室要维持的正压值不同，因此防烟楼梯间和合用前室的机械加压送风系统宜分别独立设置。

（1）机械加压送风系统送风量的确定：由于建筑条件不同，如开门数量、门的尺寸和门扇数量、缝隙大小及风速等的差异均可直接影响机械加压送风系统的通风量，故设计时应进行计算，确定机械加压送风防烟系统的加压送风量。有关资料表明，对垂直疏散通道加压送风量的计算方法很多，其理论依据提出的共同点都是使加压部位的门关闭时要保持一定的正压值，门开启时门洞处应具有一定的风速才能有效阻挡烟气。此外，设计确定其风量时还应考虑疏散人员推开门所需力量不宜过高。常用的两个基本计算方法是：

①压差法：当疏散通道门关闭时，加压部位保持一定的正压值所需送风量。

$$L_y = 0.827 \times A \times \Delta P^{1/N} \times 1.25 \times 3600 \tag{1-9}$$

式中：Ly——加压送风量，m^3/h；

0.827——计算常数（漏风率系数）；

A——门、窗缝隙（门缝宽度：疏散门0.002～0.004m，电梯门0.005～0.006m）的计算漏风总面积，m^2；

ΔP——门、窗两侧的压差值，对于防烟楼梯间取40～50Pa，对于前室、消防电梯前室、合用前室取25～30Pa；

N——指数，对于门缝及较大漏风面积取2，对于窗缝取1.6；

1.25——不严密处附加系数。

②风速法：开启着火层疏散门时，需要相对保持门洞处一定风速所需送风量。

$$L_y = \frac{nFV(1+b)}{a} \times 3600 \quad (1\text{–}10)$$

式中：Ly——加压送风量，m^3/h；

F——每个门的开启面积，m^2；

V——开启门洞处的平均风速，取0.6～1.0m/s；

a——背压系数，根据加压间密封程度，在0.6～1.0范围内取值；

b——漏风附加率，取0.1～0.2；

n——同时开启门的计算数量，当建筑物为20层以下时取2，当建筑物为20层及以上时取3。

（2）机械加压送风系统最不利环路阻力损失外的余压值的确定：机械加压送风系统最不利环路阻力损失外的余压值是加压送风系统设计中的一个重要技术指标。该数值是指在加压部位相通的门窗关闭时，足以阻止着火层的烟气在热压、风压、浮力、膨胀力等联合作用下进入加压部位，而同时又不致过高造成人们推不开通向疏散通道的门。吸风管道和最不利环路的送风管道的摩擦阻力与局部阻力的总和为加压送风机的全压。美国、英国、加拿大的有关规范规定的正压值一般取25～50Pa。我国规定防烟楼梯间正压值为40～50Pa；前室、合用前室为25～30Pa。

（3）加压送风口的设置：防烟楼梯间的前室或合用前室的加压送风口应每层设置1个。防烟楼梯间的加压送风口宜每隔2～3层设置1个，这样既可方便整个防烟楼梯间压力值达到均衡，又可避免在需要一定正压送风量的前提下，不因正压送风口数量少而导致风口断面太大。机械加压送风防烟系统中送风口的风速不宜大于7.0m/s。

（4）机械加压送风（或排烟）管道的设置

①采用金属风管时，不应大于20m/s。

②采用内表面光滑的混凝土等非金属风道时，不应大于15m/s。

（5）机械加压送风系统设计的注意事项

①防烟楼梯间和合用前室的机械加压送风系统宜分别独立设置。

②建筑层数超过32层时，其送风系统及送风量应分段设计。

③剪刀楼梯间可合用一个风道，其风量按两楼梯间风量计算，送风口应分别设置。塔式住宅设置一个前室的剪刀楼梯应分别设置加压送风系统。

④地上和地下同一位置的防烟楼梯间需采用机械加压送风时，均应满足加压风量的要求。

⑤前室的加压送风口为常闭型时，应设置手动和自动开启装置，并与加压送风机的启动装置联锁，手动开启装置宜设在距地面0.8～1.5m处或常闭加压风阀。

⑥前室的加压送风口为常开型时，加压送风量应计入火灾时不开门的楼层门缝的漏风量，可取总风量的10%～20%，并应在加压风机的压出管上设置止回阀。

⑦采用机械加压送风系统的楼梯间或前室，当某些层有外窗时，应尽量减少开窗面积或设固定窗扇，系统加压送风量应计算窗缝的漏风量。

⑧封闭避难层（间）的机械加压送风量，应按避难层（间）净面积每平方米不少于30m³/h计算。

⑨加压送风的楼梯间与前室宜设置防止超压的泄压装置。

第四节　通风与空气调节工程的发展

一、适应信息技术的发展

信息技术的高速发展和广泛应用，促使建筑行业发生深刻变化，目前，建筑信息模型（Building Information Modeling，BIM）已成为建筑发展的重要方向，BIM技术以三维技术为基础、以建筑全生命周期为主线，通过参数模型整合各种项目的相关信息，在项目策划、设计、施工、调试、运行和维护全过程中进行信息共享和传递，使建筑工程在其整个进程中显著提高效率、大量减少风险。供热通风和空气调节工程不仅要推动BIM技术的应用，同时还必须充分利用信息化带来的信息收集、处理的有利条件，加强供热通风和空气调节系统和设备的技术创新、管理创新，切实提高管理效益、提高能源的利用率。

二、节能减排

调查显示，我国建筑能耗占社会总能耗的比例约为25.5%，其中空调系统能耗比例为40%～60%。因此，对建筑尤其是大型公共建筑空调系统能耗现状进行统计和测试，并依据实际统计和测试的相关数据和结果进行能耗分析，提出节能策略和措施，对我国建筑节能降耗具有十分重要的意义。作为供热通风和空调工程专业人士，包括从事研究、工程设计、施工、运行管理、设备开发，都应有可持续发展的观念，提高节能和环保意识，促进行业健康发展。

（一）节能准则及政策

随着节能环保意识的不断提高，建筑工程通风与空调系统节能问题日益受到关注。目前，国家和地方政府出台了一系列节能政策和标准，对于建筑工程通风与空调系统的设计、安装及运行都提出了一定要求。同时，在政策方面，也对各级政府部门制订节能计划进行考核，并要求各企业单位加强节能管理，积极推进节能措施的落实。

（二）通风与空调系统的节能技术设备

1.智能控制系统

智能控制系统被广泛用于建筑通风及空调系统的节能管理中，其通过对控制过程进行分析、调整，实现控制精度优化，从而达到节能的目的。该系统可以实现对通风及空调设备的定时启停、温度湿度自动调节、室内外温差控制等，提高了使用效率，同时也避免了能源消耗。

2.逆变节能技术

逆变节能技术通过指定空调设备的运行参数，更好地适配室内的温度环境，从而实现对空调系统的节能控制。该技术可以有效提高空调的运行效率，减少能量的浪费，极大地降低了空调的运行成本。

3.新型通风换气技术

新型通风换气技术是近年来提出的一种新型通风方式，其通过对室内的温度、湿度、二氧化碳等参数进行分析，实现自动调节与控制。该技术可以有效提高空气质量，同时节约空气处理成本，是一种非常适合节能使用的系统。

（三）节能技术在设计、施工与运行中的实施

1.在设计中实施节能技术

在建筑工程通风与空调系统的设计环节中，应将节能理念贯穿始终，从系统选型、设备选型、设备配置等方面考虑节能技术的应用。例如，合理的设备选型可以提高设备运行效率、减少能源消耗等。

2.在施工中实施节能技术

在建筑工程通风与空调系统的施工环节中，应遵循合理的施工流程，同时注意施工过程中节能技术的应用。例如，要求工人不得将废气排放到空气中，各种设计要求单项不能超过规定值，减少能源浪费等。

3.在运行中实施节能技术

在建筑工程通风与空调系统的运行环节中，应根据使用环境及季节变化，合理使用设备。例如，在安装智能控制系统后，通过系统设定温度、时间等参数，实现合理使用，达到节能目的。同时，也需要加强设备的定期维护与保养，避免设备运行失灵。建筑工程通风与空调系统的节能问题日益受到关注。政策的出台、设备技术的提升以及运行控制的优化都为节能目标的实现提供了不少帮助。有多种节能技术手段可供选择，合理运用这些手段可以达到体现综合效益的目的。同时，在使用过程中也要加强设备维护和管理，确保节能效果的持续稳定。

（四）发展通风空调工程的节能减排措施

1.提高设计人员的综合素质

建筑供暖通风空调工程的设计人员要认真研究有关法律、规定、原理及应用等方面的技术，不断提升其综合能力，从而达到节约能源、减少污染的目的。另外，在建筑供暖通风空调工程的设计中，也要遵守设计原则。在设计中，应该遵守整体原则，进行整体的规划，从一个整体的角度来思考问题，并对比各种优缺点，最大限度地节约能源。遵守动态原则，从开发的角度看待建筑供暖通风空调

工程节能设计，认真地对施工现场进行检查，根据具体状况来调整设计和计划，并持续地进行研究。要重视技术开发、重视应用新技术，对空调系统进行更新，降低能源消耗、降低废弃物排放，以适应今后的社会需要，并对生态和环保起到一定的促进作用。

2.技术管理措施

建筑的空调系统在使用时会产生很多热能，而这种热能的转移是确保空调系统正常温度的关键环节。随着国内建筑越来越多，建筑的高度越来越高，其排放的热量也越来越多。基于这一情况，对这一技术问题的改善与优化可以采用水地源热泵空调技术来进行，该系统的运营成本与常规的空调相比相对较小，并且在空调的末端采用了新风换气机组的方式，在新风入室之前就可以与回热量进行高效的交换，从而达到节约减排的目的。

3.确保采用可再生能源

当前，我国的能源紧缺问题日益凸显。要切实保证能源最大限度的高效使用。在此背景下，对可持续能源进行研究与开发已成为一个新的课题。在天然资源中，有很多是可再生能源。利用可再生资源，例如，利用太阳能及地热来共享HVAC的加热和冷却。可再生能源的应用能够极大地缓解能源紧张状况。

4.施工过程的监督

供暖通风空调工程的节能在进行施工前，要对其所用的材质和装备的质量进行检验，并对各类种类的阀门和保温材料的灵敏度进行严密的检测和测试。在进入工地前，一定要做好准备，并做好取样及检验，检验合格后才能投入工作。对安装操作人员进行技术、质量、安全等方面的训练，强化其对质量和环保保护意识，从而可以在一定程度上，严格遵守具体流程。加强空气导管中漏气和漏光的检测，然后确认模板，再按模板进行安装程序，自下而上进行验收。若在验收过程中出现问题，必须立即加以改善或再做处理。

5.室外采风口和排风口节能

在通风空调系统中，设备节能问题日益引起重视。因此，如何对户外采风口和排风口机芯设计，也是十分必要的。通过对风口布置的科学化，既可以降低阻力，又可以对外部风压进行适当的利用，从而达到节约能源的基本目的。同时，需要注意户外风压的影响因素，运用的科学性对于系统阻力具有决定性的影响。

6.设计优化管理措施

一座综合性的建筑，通常会设有餐厅、厨房、设备用房、地下汽车库等多种功能，是人们娱乐休闲的重要地方，此类建筑都必须安装排风装置，并且，由于建筑的特点，对排风和室内温度、湿度的控制需求也各不相同。空调的能耗不但与本地的户外气象参数、建筑物的外围结构、室内的发热和散湿等因素有关，而且室内设计的温度、湿度等因素也直接影响冷负荷的大小。为此，从节约能源、降低排放的观点来看，有必要对综合型建筑的室温、相对湿度进行相应的调节。一般情况下，夏天24℃的室内温度，可以调整到26.7℃，冬天从26.7℃调整到21℃，节约能源15%。此外，还可以将餐馆的排风用作厨房的送风，将地上无污染的房间的排风排到地下停车场、设备用房等。这样，在相同的风平衡情况下，不仅降低了一些空气的热湿处理，还节约了送风系统的能源消耗。而对一些具有较大散热和散湿量的房间和设备，则可以进行排风，并将其直接排出。

第二章　室内供暖设计

第一节　供暖热负荷计算

一、民用建筑供暖热负荷计算

供暖系统的设计热负荷是供暖设计中最基本的数据，它直接影响到供暖系统方案的选择、供暖管道管径和散热器等设备的确定，关系到供暖系统的使用和经济效果。

在民用建筑中，供暖系统的设计热负荷 Q' 一般包括三个部分，即：

$$Q' = Q_1' + Q_2' + Q_3' \tag{2-1}$$

式中：Q_1'——建筑围护结构耗热量包括基本耗热量和附加耗热量，W；

Q_2'——加热由门，窗缝隙渗入的冷空气所消耗的热量，称为冷风渗透耗热量，W；

Q_3'——加热由外门开启侵入的冷空气所消耗的热量，称为冷风侵入耗热量，W。

（一）围护结构耗热量 Q_1'

1.围护结构的基本耗热量

房间的围护结构包括外墙、外门窗、楼板、屋面及地面等，其基本耗热量为：

$$q' = KF(t_n - t'_W)a \quad (2\text{–}2)$$

式中：K——围护结构的传热系数，w/（m^2・℃）；

F——围护结构的传热面积，m^2；

t_n——室内计算温度，℃；

t'_W——供暖室外计算温度，℃；

a——围护结构的温差修正系数。

（1）室内计算温度t应根据建筑物的用途确定。

（2）供暖室外计算温度 t'_W：我国地域辽阔，不同地区的室外温度有很大差别。我国按气候可分五个区域，即严寒地区、寒冷地区、夏热冬冷地区、夏热冬暖地区、温和地区。严寒地区1月平均气温低于-10℃。

（3）温差修正系数a：对于与外界大气直接接触的建筑围护结构，在式（2-2）计算中温差修正系数a取1；对于不与外界大气直接接触的建筑围护结构，温差修正系数a可以查相关手册后确定。整个建筑的基本耗热量，等于建筑各个外围护结构基本耗热量之和。

2.围护结构的附加耗热量

附加耗热量是对围护结构基本耗热量的修正，需要考虑朝向修正、风力修正和高度修正等。修正耗热量均以基本耗热量乘以相应的修正系数的方法进行。

（1）朝向修正耗热量是考虑建筑物受太阳热辐射影响，对垂直的外围护结构耗热量的修正。修正方法是按围护结构的不同朝向，采用不同的修正率。选用修正率时，还应考虑建筑物的日照率及其被遮挡情况。

（2）风力附加耗热量是考虑室外风速变化对围护结构基本耗热量的修正。在计算围护结构基本耗热量时，外表面换热系数是对应风速为4m/s的计算值。对于室外平均风速大于4m/s的建筑，如处于不避风的高地、河边、海岸、旷野上的建筑物，以及城镇内特别突出的建筑物，需要考虑风力修正。风力附加耗热量，应根据室外风速大小，对垂直的外围结构附加5%～10%耗热量。我国大部分北方地区冬季风速为2～3m/s，一般不考虑风力附加。

3.高度附加耗热量

高度附加耗热量是考虑房间高度对围护结构耗热量的影响而附加的耗热

量。在房间垂直方向上，空气温度存在梯度，房间顶部的空气温度高于人的活动区域的空气温度，导致围护结构基本耗热量的增加，因而规定当房间高度大于4m时，每高出1m应附加2%，但总的附加率不大于15%，并应注意以下内容：

（1）高度附加需要附加于房间围护结构耗热量总和上。

（2）对于多层建筑物的楼梯间不考虑高度附加。

（二）冷风渗透耗热量Q_1'的计算

在风力和热压造成的室内，外压差作用下，室外的冷空气通过门窗等缝隙渗入室内，加热这部分冷空气所消耗的热量称为冷风渗透耗热量。影响冷风渗透耗热量的因素很多，如门窗构造、朝向、室外风向和风速、室内外空气温差、建筑物高低等。对于多层建筑，主要考虑风压的作用；对于高层建筑，则应考虑风压和热压的综合作用影响。

冷风渗透耗热量的计算方法有缝隙法、换气次数法、百分数法。

1.缝隙法

多层建筑的冷风渗透耗热量计算时，缝隙法是常用的较精确的方法。

多层建筑冷风渗透耗热量为：

$$Q_2 = 0.278 c_p \rho_W L l (t_n - t_W') n \quad （2\text{-}3）$$

式中：L——单位长度（m）门、窗缝隙渗入室内的冷空气量，按照当地室外平均风速选用，m^3/（h·m）；

l——门、窗缝隙的计算长度，m；

ρ_w——室外空气密度，kg/m^3，

n——渗透空气朝向修正系数，与地区和朝向有关；

c_p——冷空气的定压比热，kJ/（kg·℃）。

2.换气次数法

在冬季，室外冷空气通过门窗缝隙进入室内，一方面加热这部分空气需要消耗热量，另一方面这些冷空气也是民用建筑室内新鲜空气的主要来源。

在民用建筑供暖设计中，也可以采用换气次数法概算房间的冷风渗透耗热量，计算公式为：

$$Q_2' = 0.278 n_k V_n \rho_W c_p (t_n - t_W') \quad （2\text{-}4）$$

式中：V_n——供暖房间的内部体积，m^3；

n_k——房间的换气次数，次/h，根据门窗设置情况确定。

其他符号意义同式（2-3）。换气次数法是一种粗略的计算，一般不宜采用。

（三）冷风侵入耗热 Q_3' 的计算

冷风侵入耗热量计算的关键是确定冷空气侵入量，而冷空气量与外门的面积以及开启频率有关，一般很难确定。在供暖工程实际设计中，冷风侵入耗热量采用以下简便方法计算：

$$Q_3' = N \cdot Q_{1、j、m}' \tag{2-5}$$

式中：N——考虑冷风侵入的外门附加率，%，与外门布置和层数情况有关；

$Q_{1、j、m}'$——外门基本耗热量，W。

应注意以下两点：

（1）阳台门不应考虑外门附加。

（2）有热空气幕的外门不应考虑外门附加。

二、工业建筑供暖热负荷计算

在工业建筑中，供暖系统的设计热负荷Q'除围护结构耗热量、冷风渗透耗热量、冷风侵入耗热量外，还应考虑以下内容：水分蒸发的耗热量；加热由外部运入的冷物料和运输工具的耗热量；通风耗热量。同时，应考虑车间内的散热量，内容如下：工艺设备的散热量；热管道及其他热表面的散热量；热物料的散热量。对具有供暖及通风系统的厂房，供暖及通风系统的设计热负荷需要根据生产工艺设备的使用情况或建筑物的使用情况，通过得失热量的热平衡和通风的空气量平衡综合考虑才能确定。因此，在设计前，要充分收集工艺专业的相关资料才能确保供暖热负荷的计算准确。另外，对于室内计算温度的确定，工业建筑与民用建筑有所不同。

（一）室内计算温度的确定

工业建筑的工作地点温度，根据工作性质取值如下：

轻作业18℃～21℃；中作业16℃～18℃；重作业14℃～16℃。当建筑层高大于4m时，应符合下列规定：

（1）地面应采用工作地点的温度。

（2）屋顶和天窗应采用屋顶下的温度。

（3）墙、窗和门应采用室内平均温度。

（二）厂房的门窗缝隙冷风渗透耗热量

工业建筑房屋较高，热压作用导致的冷风渗透耗热量增大。工业建筑的冷风渗透耗热量，可按照围护结构总耗热量的百分数进行估算。

（三）厂房大门开启冷风侵入耗热量

大门开启冷风侵入耗热量一般采用附加率法。附加在大门的基本耗热量上，附加率为200%～500%。

第二节　供暖系统方案设计

一、供暖热媒选择

供暖系统的热媒选择，应根据建筑物的用途、供热情况和当地气候特点等条件，经技术经济分析和方案比较确定，常见的热媒有热水和蒸汽两大类。热水供暖系统的热能利用率较高，输送时无效损失较小，散热设备不易腐蚀，使用周期长，散热设备表面温度低且符合卫生要求，而且系统操作方便，运行安全，易于实现供水温度的集中调节，系统蓄热能力高，散热均衡，适于远距离输送。在相同热负荷条件下，蒸汽供暖系统比热水供暖系统所需的热媒和散热设备面积都要小，供热速度快，不需要消耗水泵动力，因而使得蒸汽系统节省管道和散热设备的初投资。蒸汽热惰性小，供汽时热得快，停汽时冷得也快。民用建筑应采用热水做热媒。工业建筑：当厂区只有供暖用热时，宜采用热水做热媒；当厂区供热以工艺用蒸汽为主时，经过技术和经济论证认为合理，可采用蒸汽做热媒。

二、供暖方式选择

供暖方式的选择，应根据卫生、经济、使用性质、节能等条件确定。

（一）散热器供暖系统

1.热水供暖系统

一般认为，供水温度高于100℃的供暖系统，称为高温水供暖系统；供水温度低于65℃的供暖系统，称为低温水供暖系统；供水温度在二者之间时，称为中温水供暖。

由于水的比热容大，载热能力强，而且没有污染，所以热水是一种常用的供暖热媒。一般在一级管网中采用高温水，而在二级管网中采用中温水或低温水。散热器供暖系统常见的设计供回水温度通常为95℃/70℃。低温水一般用于地板辐射供暖系统。

2.蒸汽供暖系统

供汽表压力高于70kPa时，称为高压蒸汽供暖；供汽表压力等于或低于70kPa时，称为低压蒸汽供暖；当蒸汽压力低于当地大气压时，称为真空蒸汽供暖。在相同散热量的条件下，蒸汽系统的热媒流量比热水系统的流量小很多。

（二）辐射供暖系统

辐射供暖是采用辐射板或利用建筑物内部顶棚、墙面、地面或其他表面进行供暖的系统。辐射供暖系统主要靠辐射散热方式向房间供应热量，其辐射散热量占总散热量的50%以上，是一种卫生条件和舒适标准都比较高的供暖形式。

（三）热风供暖系统

符合下列条件之一，可考虑采用热风供暖：

（1）供暖负荷较大，但无法布置大量散热器的高大建筑。

（2）无集中空调通风系统，但能与冬季必须运行的机械送风系统合并为建筑物供暖。

（3）可根据使用要求间断供暖的房间、大型停车库。

热风供暖系统，包括暖风机供暖系统、集中热风供暖系统等。这种供暖方式对流散热比例基本达到100%，具有热惰性小、升温快等特点，适用于各种工业厂房、公共建筑、蔬菜大棚等供暖。

热风供暖系统还可以根据需要，设置成与通风和空调结合的供暖系统，这种方式特别适合需要通风的生产厂房。热风供暖系统既可以采用集中送风的方式，也可以采用暖风机加热室内再循环空气的方式向房间供暖。热风供暖系统无漏水及管路冻裂等灾害隐患。

三、供暖系统形式选择

（一）蒸汽供暖系统

低压蒸气供暖系统一般采用上供下回双管系统或下供下回式单管枝状系统，重力回水系统不用疏水器，凝结水自然流进锅炉。机械回水系统需要每组设疏水器或每根立管设疏水器，凝结回水自然流入水箱后经水泵回到锅炉房。

高压蒸汽供暖系统可采用上供下回双管或单管系统，采用集中疏水器或在各分支管末端设置疏水器，靠余压把凝结水送回凝结水箱，然后经水泵回到锅炉房。

（二）热水供暖系统分类

热水供暖系统是民用建筑采用的主要供暖形式，可按下述方法分类：

（1）按照水循环动力的不同，分为自然循环系统和机械循环系统。

（2）按照系统管道设置方式不同，分为垂直式系统和水平式系统。

（3）按照连接散热器的立管根数不同，分为单管系统和双管系统。

（4）按照通过各立管的循环管路的长度是否相等，分为同程式系统和异程式系统。

（三）机械循环垂直式热水供暖系统

1.上供下回式热水供暖系统

机械循环上供下回式热水供暖系统。双管系统具有独立的供水立管和回水立管，因而进入每组散热器的供水温度相同；双管系统容易因上下层散热器的自然循环压力不同，而出现垂直失调现象，不适用于上部与下部高差大的场所。单管系统仅有一根立管，热水按照顺序依次流经各组散热器，水温逐步下降。单管系统形式简单，施工方便，造价低，是办公类建筑采用较多的形式。

单管系统还可以分为单管顺流式系统和单管跨越式系统。单管顺流式系统，其主要缺点是不能进行局部调节，散热器支管上不得安装调节阀门。单管跨越式系统，立管的一部分水进入散热器，另外一部分水通过跨越管直接进入下层散热器。单管跨越式系统允许在散热器支管上安装调节阀门，具有调节能力，但由于热水只有一部分进入散热器，使所需的散热器面积增大。单管跨越式系统一般用于房间温度要求比较严格的建筑上。上供下回式系统管道布置合理，供暖效果好，是传统的布置形式，也是较常用的一种系统形式。双管上供下回系统不适用于超过4层的建筑。

2.下供下回式热水供暖系统

一般供、回水干管可以设置在地沟内或地下室内，常用于建筑顶棚下难以布置供水干管的场合。

下供下回式系统主要的缺点是系统内的空气排出困难。一般排出空气的方法主要有两种：一种是设置空气管集中利用集气装置排气，右侧三个立管，立管之间用高度不小于300 mm的U形管隔开，利用空气阻隔立管之间的水流；另一种是通过顶层散热器和立管顶部设置放气阀分散排气。下供下回式系统可有效减轻垂直失调现象。

3.中供式热水供暖系统

供水干管设在系统中部，下部系统为上供下回式，上部系统可以采用下供下回式，也可以采用上供下回式。供水干管一般敷设在中间某楼层的顶棚下。中供式系统可以避免上供下回式系统由于楼层过多、容易出现垂直失调的现象，但计算和调节都比较麻烦。一般用于建筑顶层梁底标高过低使供水干管无法布置的情况，也可以用于加建楼层的原有建筑上，或者用于上部建筑面积小于下部的

“品”字形建筑中。

4.下供上回式热水供暖系统

这种形式也称为“倒流式”系统。水在立管内自下而上流动，与空气的流动方一致，因而排气方便，系统不容易产生“气塞”。这种系统在高温水供热系统中比较有利。高温水供暖系统中为了防止高温水汽化，供水管必须保持一定的压力。在倒流式系统中，由于供水干管设在底层静压较大，可以降低膨胀水箱的安装高度。

与上供下回式相比，底层散热器平均温度升高，从而减少底层散热器面积，有利于解决某些建筑物中一层散热器面积过大而难以布置的问题。一般在建筑底层房间散热量远高于上层房间时，可以考虑采用倒流式系统。

（四）机械循环水平式热水供暖系统

水平式系统可分为顺流式和跨越式两类。顺流式系统中，热水先后流经各组散热器，水温由近及远逐渐降低，不能对散热器进行个体调节。顺流式系统串联散热器组数不宜过多，以避免水平失调现象。水平跨越式系统可以安装调解阀，对散热器进行调节。

水平式系统排气比较复杂，对于较小系统可以在散热器上设置冷风阀的分散排气方式，对于大型系统宜设空气管集中排气。与垂直式系统相比，水平式供暖系统管路简单，无穿过楼板的立管，施工方便。因此，水平式系统也是应用比较广泛的一种形式，尤其在大空间公共建筑大厅上应用较多。用于居住建筑时，易于设计成分户热计量的系统。

第三节　供暖设备和管道的布置方法

一、散热设备布置

散热器布置的基本原则是力求使室温均匀，并能迅速地加热室外渗入的冷空气，少占用室内使用面积。散热器布置时，要注意以下事项：

（1）散热器尽量安装在外墙窗台下，能够减少冷风渗透的影响，改善空气循环效果。当安装有难度时（落地窗、玻璃幕墙等），也可安装在内墙。

（2）楼梯间或回马廊的大厅，考虑到热空气上升的特点，散热器应该尽量布置在底层，或者按照“下多上少”的比例布置楼梯间散热器。

（3）为防止散热器冻裂，两道外门之间以及紧靠开启频繁的外门处，不宜设置散热器。

（4）在楼梯间或其他有冻结危险的场所，散热器应有独立的立管供热，且不得装设调节阀。

（5）从节能的角度出发，散热器一般应明装。隐蔽安装时散热器的散热量减少20%～30%。当房间装修要求较高时，可以采用暗装。托儿所等特殊场合应暗装或加防护罩，防止烫伤。

（6）为保证散热器的散热效果，安装时散热器底部距离地面高度通常采用150mm，不得小于60mm；散热器顶部距离窗台板距离不得小于50mm；后侧与墙面净距离不得小于25mm。

二、管道布置

供暖系统的管路布置，影响到建筑供暖的效果及系统造价等。应该根据建筑物的具体条件、与外网的连接方式等因素选择合适的布管方案。布置管道时，应力求系统管道走向合理，节省管材，不影响房间美观，便于调节和排除空气，且应保证各并联环路的阻力损失近似相等。管道布置的基本原则是使系统构造简单，节省管材，各个并联环路压力损失易于平衡，便于调节热媒流量、排气、泄水，以及系统安装和检修，进而提高系统使用质量，改善系统运行功能，保证系统正常工作。布置热水供暖系统管道时，必须考虑建筑物的具体条件（如平面形状和构造尺寸等）、系统连接方式、管道水力计算方法、室外管道位置或运行等情况，一般先布置散热设备，然后布置干管，再布置立支管。对于系统各个组成部分的布置，既要逐一进行，又要全面考虑。布置散热设备时要考虑到干管、立支管、膨胀水箱、排气装置、泄水装置、伸缩器、阀门和支架等的布置，布置干管和立支管时也要考虑到散热设备等附件的布置。

（一）引入口的位置

引入口是连接热用户室内供暖系统与外网的用户热力点，一般设置在建筑物热负荷对称分配的位置，以缩短室内供暖系统的作用半径。它通常设置在用户的地沟入口或地下室内，有些引入口设置在建筑物底层的专用房间内。通过引入口向该用户或相邻几个热用户分配热能。在引入口的供、回水总管上，应装设必要的设备、仪表及控制装置。通常在供、回水总管上应设置阀门、温度计、压力表、除污器及热计量仪表等。

（二）环路划分

为了合理地分配热量，便于运行控制、调节和维修，应根据实际需要，把整个供暖系统划分为若干个分支环路，构成几个相对独立的小系统。划分时，尽量使热量分配均衡，各并联环路阻力易于平衡，便于控制和调节系统。条件许可时，建筑物供暖系统南北向房间宜分环设置，有利于节能。

在布置较大型的室内热水供暖系统时，首先应合理地分成若干分支环路，并尽量使各分支环路的压力损失易于平衡。无分支环路的供暖系统管路比较长，压力损失大；具有分支环路的供暖系统可以避免管路过长的问题，但应保证各并联分支的阻力损失平衡，避免流量分配不均。在各个分支环路上，应设置关闭和调节阀门。

（三）室内供热管线的布置

1.总立管

在上供下回式热水供暖系统中，外网热水从室内总立管输送给各个分支环路的水平供水干管。总立管比较粗，一般应设在辅助房间内，不影响人们的生产和生活。

2.供水干管

在上供下回式系统中，供水干管多设置在顶层的顶棚下。对于美观要求较高的民用建筑，当大梁底面标高过低妨碍供水干管敷设时，可以预埋套管穿梁干管布置在顶棚内。为了排除空气，机械循环供水干管应该保证不小于0.002的坡度，并在最高处设置集气罐、自动排气阀等排气装置。在下供式热水供暖系统中，供水干管一般设置在地下室或地沟内。

3.回水干管

在下部回水的供暖系统中，回水干管可以敷设在地面，也可以敷设在地下室顶棚下、半通行地沟或不通行地沟内。地沟内的回水干管应该进行保温。地沟上每隔一定距离应设置活动盖板，便于检修。回水干管地面敷设需要过门时，可以采用门下地沟通过或门上绕行通过的方式。最低点处应该设置泄水阀。

回水干管应设置沿流动方向向下的坡度。如果因条件限制，机械循环系统的水平干管允许无坡度敷设，但管内的热水流速不得小于0.25m/s。

4.供、回水立管

供、回水立管应尽量布置在房间的墙角处，这样可以避免结露、结霜；或者把立管设置在窗间墙处，以便向两侧连接散热器。每根立管的上下端应该安装截断阀门，以便系统检修时放水。在双管供暖系统中，供水管应位于面向管道时人的左侧，回水管布置在右侧。

楼梯间的立管需要单独设置，其他房间的散热器不能与其连接，以避免由于该立管冻结而影响其他房间供暖。管道穿过楼板或隔墙时，应在楼板或隔墙内预埋套管。

5.散热器支管

为了排除散热器上部的空气和有利于排净散热器内的水，系统为上供下回时散热器的供、回水支管应该按水流方向设置向下的坡度，下供上回式时应设置与水流方向相反的坡度，由于散热器支管比较短，要求坡度不得小于0.01。

室内热水供暖管路的敷设有明装和暗装两种方式。一般民用建筑和工业厂房宜采用明装，在装饰要求较高的建筑中可采用暗装敷设。

第四节　供暖管道的水力计算

一、热水供暖系统的水力计算

热水供暖系统的水力计算方法有等温降法、变温降法、等压降法三种。计算时应根据供热系统的形式，采用适合的计算方法。

（一）等温降法

等温降计算方法是预先规定每根立管的水温降，系统中各立管的供、回水温度都取相同值，在此前提下计算流量。该方法既可用于异程式系统，也可用于同程式系统。因同程式供暖系统中通过各立管环路的管长接近相等，它比异程式系统更适于采用等温降的水力计算方法，两者在计算顺序上有所不同。应用等温降法进行水力计算时应注意以下内容：如果未知系统循环作用压力，可在总压力损失之上附加10%确定。各并联循环环路应尽量做到阻力平衡，不平衡率不应大于15%，以保证各环路分配的流量符合设计要求。

1.同程式系统的主要计算步骤

（1）计算通过最远端立管的环路阻力损失。由于同程式系统通过各立管环路的管长基本相同，最不利环路不一定是通过离热力入口最远立管的环路，在没有设计计算时并不知道通过哪根立管的环路为最不利环路，可计算最远端的环路来控制比摩阻。

（2）计算通过最近端立管的环路。

（3）计算上述两并联环路的阻力，不平衡率在15%以内。

（4）绘制系统干管压力和阻力损失平衡图。

（5）根据各立管压力差确定其他立管管径。

双管系统上下层散热器之间，或系统上部与下部之间的自然循环作用压力，按理论计算值的2/3计入阻力平衡计算。

2.异程式系统的计算方法

（1）选择通过最远端立管的环路为最不利环路。

（2）根据系统的循环作用压力，按下式确定最不利环路的平均比摩阻Rp:

$$R_p = \frac{a\Delta P_z}{\sum l} \qquad (2\text{–}6)$$

式中：ΔP_z——系统的作用压力，Pa；

R_p——最不利环路的平均比摩阻，Pa/m；

a——沿程压力损失占总压力损失的估计百分数，一般取50%；

$\sum l$——环路总长度，m。

（3）根据平均比摩阻和各管段流量，查表选出最接近的管径，确定该管径下管段的实际比摩阻R和实际流速。

（4）按计算环路各管段先后顺序分别计算沿程损失Rl和局部损失Z，然后按下式计算各管段及最不利环路的总压力损失：

$$\Delta P = \sum_{l}^{n}(Rl + Z) \qquad (2\text{–}7)$$

式中：l——管段长度，m。

ΔP——系统总压力损失，Pa。

（5）其他环路计算。其他环路计算是在最不利环路计算的基础上进行的，应遵循并联环路压力损失不平衡率不超过15%的原则。

（二）不等温降法

原则上不等温降法可用于异程式系统，也可用同程式系统；既可用于垂直式系统，也可用于水平式系统，最适用于异程式垂直单管系统。

1.主要步骤

（1）假定最远立管的温降，一般按设计温降增加2℃～5℃。

（2）求出最远立管的计算流量。根据该立管的流量，确定最远立管管径和环路末端供、回水干管的管径及相应的压力损失值。

（3）确定环路最末端的第二根立管的管径。该立管与上述计算管段为并联管路。根据已知节点的压力损失△P，选定该立管管径，从而确定通过环路最末端的第二根立管的计算流量及其计算温降。

（4）按照上述方法，由远至近，依次确定出该环路上供、回水干管各管段的管径及其相应压力损失以及各立管的管径、计算流量和计算温降。

2.水力计算时应注意的问题

（1）室内热水供暖系统的总压力损失：要求总压力损失不超过区域管网给定的资用压力降，满足室内供暖系统水力平衡的要求；尽量增大室内系统的压力损失，最不利环路的比摩阻不宜小于50Pa/m。

（2）供暖管道热水的流速：主要根据系统水力平衡确定，最大允许流速不应大于下列值：民用建筑1.5m/s；辅助建筑物2.0m/s；工业建筑3.0m/s。

（3）防止或减轻系统水平失调现象的设计方法

①供、回水干管采用同程式布置。

②仍采用异程式系统，但采用“不等温降”方法进行水力计算。

③仍采用异程式系统，采用首先计算最近立管环路，再计算其他立管环路的方法。

④并联环路高差较大时，因高差产生的自然循环压头的2/3计入阻力平衡计算中。

二、蒸汽供暖系统的水力计算

（一）低压蒸汽系统

在进行低压蒸汽供暖系统管路的水力计算时，同样先从最不利环路开始，水力计算方法通常采用控制比压降法和平均比摩阻法两种方法进行计算。控制比压降法是将最不利环路的每米总压力损控制在约100Pa/m计算。平均比摩阻法是在已知锅炉或室内入口处蒸汽压力条件下进行计算。

1.供汽管道的平均比摩阻法主要步骤

（1）确定最不利环路。

（2）先计算出单位长度的压力损失ΔP_m值，并以此为依据确定管径，计算式为：

$$\Delta P_m = \frac{(P-2000)a}{l} \tag{2-8}$$

式中：ΔP_m——单位长度摩擦压力损失，Pa/m；

P——起始压力，Pa，其值≤70kPa。

l——供热管道最大长度，m；

2000——管道末端的剩余压力，Pa；

a——沿程损失占压力损失的百分比，取值为0.6。

（3）最不利环路各管段的水力计算完成后，即可进行其他立管的水力计算。可按平均比摩阻法来选择其他立管的管径，但管内流速不得超过下列的规定最大允许流速：当汽水同向流动时30m/s；当汽、水逆向流动时20m/s。

（4）凝结水管路管径选择。低压蒸汽系统的凝水为重力回水，可查表确定管径。

（二）高压蒸汽系统

高压蒸汽供暖系统的水力计算原理与低压蒸汽供暖系统完全相同。为了计算方便，供暖通风空调设计手册中列有不同蒸汽压力下的蒸汽管径计算表。在进行室内高压蒸汽管路的局部压力损失计算时，习惯将局部阻力换算为当量长度进行计算。通常采用平均比摩阻法或流速法进行计算。

预先计算出单位长度的压力损失ΔP_m的值，并以此为依据确定管径，计算式为：

$$\Delta P_m = \frac{0.5aP}{l} \tag{2-9}$$

蒸汽管道总压力ΔP按下式计算：

$$\Delta P = \sum\left[\Delta P_m (l + l_d)\right] \tag{2-10}$$

式中：l——最不利管段长度，m；

l_d——局部阻力的当量长度，m。

由于室内高压蒸汽系统供汽干管各管段的压力损失较大，各分支立管的节点压力难以平衡，通常按流速法选用立管管径。剩余过高压力可通过关小散热器前的阀门来调节。

第五节　住宅分户供暖设计

一、分户供暖系统形式

目前，集中供热系统分户热计量可采用楼栋计量用户热分摊的方法，也可采用用户热量表直接计量的方法，而两种方式对供暖系统形式的要求却大不相同。

（一）适合热量表的供暖系统

采用用户热量表要求每户形成单独的供暖环路。对于多层和高层住宅建筑来说，每户供暖系统应设有单独的供、回水管，室内可根据情况设计成单管水平串联、单管水平跨越式，双管水平并联式、上供下回式、上供上回式或地板辐射供暖等系统形式。

（二）适合热分配表的供暖系统

在每个散热器上安装热分配表，测量计算每个住户用热比例，通过总表来计算热量，然后根据热分配表的计量值实行分配。热分配表适用于各种热水集中供暖系统，特别是原有建筑改造系统。

二、分户供暖热负荷计算

分户热计量的住宅建筑供暖设计热负荷的计算与传统集中系统没有本质区别。分户计量后，应满足热用户不同需求，在一定幅度内提供热舒适度选择的余地，因此在设计标准上，应在相应的设计标准基础上提高2℃，计算热负荷增加了7%～8%。注意增加的热负荷，不加到总热负荷中。

对于某一用户而言，当其相邻用户室温较低时，由于热传递有可能使该用户设计室温得不到保证，为了避免随机的邻户传热影响房间的温度，房间热负荷必须考虑由于分室调温而出现的温度差引起的向邻户的传热量，即户间热负荷。因此，在确定户内供暖设备容量时，选用的房间热负荷应为常规供暖房间热负荷与户间热负荷（或邻户传热附加值）之和。由于人为调节所造成的邻户传热过程是一个随机不确定过程，目前规范并未给出户间传热的统一计算方法。根据实测数据，某些地方规程中对此做了较具体的规定。总体来看，主要有两种计算方法。一种是按实际可能出现的温差计算传热量，然后考虑可能同时出现的概率；另一种是用房间按常规计算的外围护结构耗热量再乘以一个附加系数。第二种方法较简单，但系数的确定有一定困难，因户间隔断的建筑热工不同，不同房间的户间传热量不会与外围护结构传热量形成同一比例，所以目前使用第一种计算方法较多。

按面积传热计算方法的基本传热公式为：

$$Q = N \cdot \sum_{i=1}^{n} k_i F_i \Delta t \qquad (2\text{-}11)$$

式中：Q——户间总热负荷，W；

k_i——户间楼板及隔墙传热系数，W/（m²·℃）；

F_i——户间楼板或隔墙面积，m²；

Δt——户间热负荷计算温差，℃，可暂取6 ℃；

N——户间楼板及隔墙同时发生传热的概率系数，其取值如下：当有两面可能发生传热的楼板或隔墙，或一面楼板与一面隔墙时，取0.7；当有两面可能发生传热的楼板及一面隔墙，或两面隔墙与一面楼板时，取0.6；当有两面可能发生传热的楼板及两面隔墙时，取0.5。

三、分户供暖设备、管道布置

（一）散热器的布置

（1）考虑避免管道穿过阳台门和进户门，尽量减少管路安装，散热器也可安装在内墙。

（2）每组散热器的连接支管上安装温控阀，并根据具体情况选择型号。

（3）考虑排气问题，应在每组散热器设置排气阀。

（4）宜选用铜铝复合或钢铝复合型、铝制或钢制内防腐型、钢管型等非铸铁散热器。必须采用铸铁散热器时，应选用内腔无黏砂型铸铁散热器，以免影响热量表、温控阀正常运行。

（5）散热器罩会影响散热器的散热量和恒温阀及热分配表的工作，非特殊要求，散热器不应设暖气罩。

（二）管道的布置

1.供回水干管的布置

（1）供回水布置在本层的顶棚下，形成上供上回式。

（2）供回水布置在下层的顶棚下，每个支管穿过楼板与散热器连接，形成下供下回式。

（3）供水、回水干管分别布置在本层的顶棚下和地面，形成上供下回式。

（4）供水、回水管布置在本层的地面，形成下供回式，为解决管道过门等问题，可采取明装方式，即沿踢脚板敷设，亦可采取暗敷方式。暗敷时常暗敷在本层地面下沟槽内或垫层内，是目前常用的方法。

（5）比较简洁的户内系统形式是单管跨越式水平串联系统，管道敷设在地面内。

2.单元供回水立管的布置

单元供回水立管一般布置在楼梯间或管道井内。

第六节　低温热水地板辐射供暖设计

一、低温热水地板辐射供暖的特点

从换热站输送来的不高于60℃的热水经过滤器后进入用户分水器，分别送到各房间的散热盘管（散热盘管敷设在地板下）。热水在盘管内散热后进入集水器，然后回到外网。一般每组分、集水器可以连接不多于8个环路。这种供暖系统对于地板表面温度有要求，经常有人停留的地面温度不得高于28℃，一般供水温度为40℃～60℃，盘管间距经计算后查表确定。由于地板辐射供暖系统具有明显的优势，在国内外得到广泛应用。

（一）舒适卫生

在地板辐射供暖房间中，室温由下而上逐渐递减，改变了散热器供暖室温下低上高的温度分布，所以给人以脚暖头凉的舒适感受。相对于散热器供暖而言，室内空气速度场均匀，灰尘流动小，减少了空气中有害病菌的蔓延，室内环境更加卫生清洁。

（二）高效节能

（1）可充分利用工业余热水、太阳能、地热等各种低温热源。

（2）热量集中在人体受益的高度内，室内设计温度可以比对流供暖方式低2℃～3℃。

（3）各热用户的分水器安装有控制阀门，方便用户随时调节室温。

（三）不占使用面积

采用地板辐射供暖，室内没有散热片及其支管，增加了室内使用面积，便于装修和家具布置。地板辐射供暖不足之处，主要有初期投资高、建筑层高增加导致土建费用增加，以及系统的可维修性差等方面。在分户热计量收费时，还需要考虑上、下层房间的户间传热问题。

二、低温热水地板辐射供暖热负荷计算

（一）修正系数法

$$Q_f = \phi Q \qquad (2\text{-}12)$$

式中：Q_f——辐射供暖热负荷，W；

Q——供暖计算热负荷，W；

φ——修正系数，低温辐射系统可取0.9～0.95。

（二）降低室内温度法

（1）该方法同对流供暖热负荷计算方法一样，低温辐射供暖系统设计计算温度一般可降低2℃。局部地面辐射供暖系统的热负荷可按整个房间全面辐射供暖所算得的热负荷乘以该区域面积与所在房间面积的比值和规定的附加系数确定。

（2）进深大于6m的房间，应以距外墙6rn为界分区，分别计算热负荷和进行管线布置。

（3）敷设加热管的建筑地面，不应计算地面的传热损失。

（4）计算地面辐射供暖系统热负荷时，可不考虑高度附加。

（5）分户热计量的地面辐射供暖系统的热负荷计算，应考虑间歇供暖和户间传热等因素。

三、低温地板辐射供暖加热盘管的计算

（一）加热盘管的热力计算步骤

（1）计算房间的热负荷Q_f。

（2）计算单位地面的耗热量q。

（3）计算加热盘管平均水温t_p。

$$t_p=(t_g-t_h)/2 \tag{2-13}$$

式中：t_g、t_h——分别为设计供、回水温度，℃。

（4）确定地面平均温度。为保证人的舒适感，地面温度应符合下列规定：人员经常停留区24℃～26℃，最高不应超过28℃；人员短期停留区28℃～30℃，最高不应超过32℃；无人停留区35℃～40℃，最高不应超过42℃。

（5）计算加热管上部覆盖层材料的导热系数λ：

$$\lambda=\frac{\sum\delta_i}{\sum\frac{\delta_i}{\lambda_i}} \tag{2-14}$$

（6）计算加热管的平均间距A（mm）：

$$A=\frac{2\lambda}{K}-B \tag{2-15}$$

式中：λ_i——加热管上部某一层覆盖材料的导热系数，W/（m·℃）；

λ——加热管上部覆盖材料的总导热系数，W/（m·℃）；

δ_i——各层构造的厚度，m；

B——加热管上部覆盖层材料的厚度，mm；

K——辐射板传热系数。

在工程设计中，可利用地面供暖计算速查表直接确定盘管的间距。

（二）加热盘管的水力计算

水力计算按《地面辐射供暖技术规程》（DB21/T 1686-2008）进行，集、分水器环路总阻力不宜大于30kPa。

四、低温地板辐射供暖系统的布置

（一）分、集水器的布置

（1）加热管应按户划分独立的系统，设置分、集水器，按室分组配置加热管，每组加热管回路的总长度不超过120m。

（2）每个分、集水器连接的加热盘管管段不宜超过8组。

（3）在分水器的总进水管上，顺水流方向应安装球阀、过滤器，分水器的顶部，应安装排气阀。

（二）管路的布置

和任何热水供暖系统一样，低温辐射供暖系统也要求有适宜的水温和足够的流量。主管网设计时各并联环路应达到阻力平衡，推荐采用同程式布置。

（三）盘管的布置

地板辐射供暖的埋管布置方式，一般有回字形、S形、L形、U形等。不同排管方式温度场有差别，盘管间距根据散热量要求确定。最小和最大间距、弯曲半径要符合设计规程规定。同一分、集水器的并联回路长度差异不宜超过20%。一般在外墙附近地面，排管间距可根据经验适当加密。在潮湿房间（卫生间、厨房等）敷设地面供暖系统时，加热管覆盖层上应做防水层。地板低温辐射供暖传热具有双向性，因而盘管下方需要进行保温。

（四）地板辐射供暖设计时应注意的问题

（1）热媒温度，民用建筑中的供水温度不应超过60℃。

（2）应注意防止空气窜入系统，盘管中应保持一定的流速，一般不应低于0.25m/s，以防空气聚积而形成气塞。

（3）必须妥善处理管道和辐射板的膨胀问题；管道膨胀时产生的推力绝对不允许传递给辐射板。

（4）埋置于混凝土或粉刷屋面内的排管，禁止使用丝扣和法兰联结。

第七节　热风供暖

一、热风供暖的系统形式

热风供暖适用于下列场合：耗热量大的高大建筑；卫生要求高并需要大量新鲜空气或全新风的房间；能与机械送风系统合并时；利用循环空气供暖经济合理时。常用的热风供暖有集中送风和悬挂式暖风机送风形式。

（一）集中送风

集中送风适用于空气可在循环的车间或作为有大量排风的补风和供暖系统。对于内部隔断较多、散发灰尘和大量有害气体的车间不宜采用，设计应符合下列技术要求：

（1）集中送风供暖时，尽量使整个车间温度场和速度场均匀，应使回流尽可能处于工作区，射流开始的扩散区处于房间的上部。

（2）射流正前方不应有高大的设备。

（3）送风口的风速一般可采用5～7m/s；工作区射流末端最小平均风速一般取0.15m/s。工作区的平均风速，民用建筑不大于0.3m/s；工业建筑当室内散热量<23W/m²时不宜大于0.3m/s，当室内散热量>23 W/m²时不宜大于0.5m/s。

（4）送风温度为35℃～70℃。

（二）暖风机热风供暖设计要求

（1）热风供暖的热媒宜采用0.1～0.3MPa的高压蒸汽或不低于90℃的热水。

（2）暖风机的供水温度最低不能低于80℃，必须使其散热排管中的水流速度为0.2m/s以上才能保证散热效果。

（3）暖风机的送风温度宜采取35℃～50℃，不得高于70℃。

在暖风机热风供暖设计中，主要是确定暖风机的型号、台数、平面布置及安装高度等。

二、热风供暖的气流组织

（一）集中送风

集中送风有平行送风和扇形送风，应根据房间的大小和几何形状选择。

（二）小型暖风机供暖

为使车间温度场均匀，保持一定的断面速度，布置时宜使暖风机的射流互相衔接，使供暖房间形成一个总的空气环流。

（1）直吹布置。暖风机布置在内墙一侧，射出热风与房间短轴平行，吹向外墙或外窗方向，以减少冷空气渗透。

（2）斜吹布置。暖风机在房间中部沿纵轴方向布置，把热空气向外墙斜吹，此种方案用在沿房间纵轴方向可以布置暖风机的场合。

（3）顺吹布置。若暖风机无法在房间纵轴线上布置时，可使暖风机沿四边墙串联吹射，避免气流互相干扰，使室内空气温度较均匀。

（4）对吹布置。暖风机在房间纵轴两端布置，这种方案适合于房屋空间不大的场合。

第八节　常用供暖设备选择计算

一、散热器

散热器的设计计算是确定供暖房间所需散热器的面积和片数。目前国内生产的散热器种类繁多，按其使用材质不同，主要有铸铁、钢质、铜铝复合三大类；按其构造不同，主要分为柱型、翼型、管型和平板型等。散热器选型应注意以下5点：

（1）热工性能方面的要求，散热器的传热系数值越高，散热性能越好。

（2）经济方面的要求，散热器传给房间的单位热量所需金属耗量越少，成本越低，其经济性越好。

（3）散热器应具有一定的机械强度和承压能力；散热器的结构形式应便于组合成所需要的散热面积，结构尺寸要小，少占房间面积和空间。

（4）散热器外表面应光滑，不易积灰，便于清扫；外形应美观，宜与室内装饰相协调。

（5）散热器应不易被腐蚀和破损，使用年限要长。

散热器热水供暖系统的热媒平均温度t_{pj}按下式计算：

$$t_{pj}=\frac{t_1+t_2}{2} \tag{2-16}$$

式中：t_1——散热器进水温度，℃；

t_2——散热器出水温度，℃。

在蒸汽供暖系统中，当蒸汽压力≤0.03MPa时，t_{pj}取100℃；当蒸汽压力>0.03MPa时，t_{pj}等于进散热器的蒸汽压力相应的饱和蒸汽温度。

二、减压阀、安全阀

减压阀靠启闭阀孔对蒸汽进行节流而达到减压目的。目前，活塞式和波纹式减压阀，由于外形小巧，工作稳定可靠，维修工作量小，在蒸汽供暖系统的入口装置上使用较多。

（一）减压阀选型

减压阀设计时应注意以下5点：

（1）活塞式减压阀减压后的压力，不应小于0.1MPa，如需减至0.07MPa以下，应再设波纹管式减压阀或用截止阀进行二次减压。

（2）当减压阀前后压力比为>5~7时，应串联两个减压阀，采用两级减压，以使减压阀工作时噪声和振动小。在热负荷波动频繁而剧烈时，为使第一级减压阀工作稳定，一、二级减压阀之间的距离应尽量拉开一些。

（3）设计时，除对型号、规格进行选择外，还应说明减压阀前后压差值。

（4）减压阀前后压差的选择范围如下：波纹管式减压阀0.05MPa<减压阀前后压差<0.6MPa；活塞式减压阀0.15MPa≤减压阀前后压差<0.45MPa。

（5）当压力差为0.1~0.2MPa时，可以串联安装两个截止阀进行减压。

（二）安全阀选型

（1）各种安全阀的进出口公称直径均相同。

（2）法兰联结的单弹簧或单杠杆安全阀座的内径，一般比公称通径小一号，如DN100的阀座内径为80；双弹簧或双杠杆的则为小二号的两个，如DN100的为2×65。

（3）设计时应注明使用压力范围。

（4）安全阀的蒸汽进口接管直径不应小于其内径。

（5）安全阀通至室外的排气管直径不应小于安全阀的内径，且不得小于40mm。

（6）系统工作压力为P时，安全阀的开启压力应为（P+30）kPa。

第九节　高层建筑供暖设计

高层建筑热水供暖系统的底层散热器承受的静水压力较大，必须根据散热器的承压能力选择合适的系统形式及其与外网的连接方式。高层建筑室内供暖系统与外网的连接，一直是供热设计中的难点之一。此外，在确定高层建筑供暖系统形式时，还应该考虑系统可能出现的上、下层冷热不均问题，即“垂直失调”问题。

高层建筑中常用的热水供暖系统形式主要有以下三种：

一、隔绝式分层供暖系统

为了防止高层建筑热水供暖系统水压全部作用在底层散热器上，常见的做法是把供热系统在垂直方向上分成两个以上独立的水系统。下层系统与外网直接相连，上层系统利用水水换热器与外网实现间接连接。这种形式的供暖系统，上层形成独立的水系统，静水压力主要作用在换热器上。这种系统工作稳定，是目前常用的一种高层供暖形式。

二、双水箱分层供暖系统

隔绝式分层供暖系统工作稳定，运行可靠。但当外网供水温度较低时，换热器出口热水温度更低，可能不满足供暖要求。这时可考虑采用双水箱系统。

上层系统利用供水箱和回水箱的水位高差进行水循环流动。当外网供水压力不足以把热水送到顶层的供水箱时，需要在用户入口处设置加压水泵。下层系统与外网直接连接。

回水箱溢流管内的流动状态具有这样的特点：在下部为满管流状态，水位高度取决于热网回水干管的压力，上部为非满管流状态。双水箱系统实际也是一种分层式供暖系统，利用非满管流的溢流管与热网回水管的压力相隔绝。

双水箱供暖系统实际上是利用两个水箱取代了热交换器，起到隔绝上、下层压力作用，简化了引入口设备，降低了工程造价。但由于采用开式水箱，空气易进入而造成系统腐蚀。

三、无水箱直连供暖系统

高层建筑如何与热网连接是一个比较棘手的问题。近年来，许多高层建筑采用了无水箱直连分层供暖系统。这种方式利用膜流运动理论，采用类似流体非满管流的减压方式。室外管网的供水加压送至高层，从高层散热器流出的回水首先进入“断流器”，使水流高速旋转，人为促成其膜流形成，从而达到减压断流。然后流体进入“阻旋器”恢复有压流状态并分离出空气。通过有压流→无压流→有压流这样一个逆变的过程，使高压流体平稳过渡到低压流体。

这样，回水管中断流器和阻旋器之间为模态流动，从而使得上层与下层形成两个水力区。无论系统运行还是静止，均保证了两个分区系统的隔绝。在供水管上还设有加压泵前的止回阀隔断，以确保供水管在水泵停止运行时，水不能经泵倒流回低区。

这种连接方式首次将膜流运动理论应用于供暖系统，由于取消了两个水箱，不但安装方便、运行可靠，而且降低了造价。但是，系统中的断流器易产生噪声，需设置在管道井或辅助房间内。

第三章　暖通空调设备

第一节　散热器

一、散热器种类

国内外生产的散热器种类繁多，样式新颖。按照其制造材质划分，主要有铸铁、钢制散热器两大类。按照其构造形式划分，主要分为柱型、翼型、管型和平板型等。

（一）铸铁散热器

铸铁散热器长期以来得到广泛应用。它具有结构简单、防腐性好、使用寿命长及热稳定性好的优点，但其金属耗量大，金属热强度低于钢制散热器。我国目前应用较多的铸铁散热器有以下几个：

1.翼型散热器

翼型散热器分为圆翼型和长翼型两类。

（1）圆翼型散热器。它是一根内径为50mm或75mm的管子，外面带有许多圆形肋片的铸件。管子两端配置法兰，可将数根组成平行叠置的散热器组。管子长度分为750mm、1000mm两种。最高工作压力：热媒为热水，水温低于150℃的，P_b=0.6MPa；蒸汽为热媒的，P_b=0.4MPa。因其单片散热量大、所占空间小，常用于工业厂房、车间及其附属建筑中。

（2）长翼型散热器。它的外表面具有许多竖向肋片，外壳内部为一扁盒状空间。长翼型散热器的标准长度L分为200mm、280mm两种，宽度B=115mm，同侧进出口中心距H_1=500mm，高度H=595mm，最高工作压力：对热水温度低于130℃，P_b=0.4MPa，对以蒸汽为热媒，P_b=0.2MPa。翼型散热器制造工艺简单，造价也较低；但翼型散热器的金属热强度和传热系数比较低，外形不美观，灰尘不易清扫，特别是它的单体散热量较大。设计选用时不易恰好组成所需的面积，因而，目前不少设计单位不选用这种散热器。

2.柱型散热器

柱型散热器是呈柱状的单片散热器。外表面光滑，每片各有几个中空的立柱相互连通。根据散热面积的需要，可把各个单片组装在一起形成一组散热器。

我国常用的柱型散热器主要有二柱、四柱两种类型散热器。根据国内标准，散热器每片长度L分为60mm、80mm两种；宽度B有132mm、143mm、164mm三种，散热器同侧进出口中心距H_1有300mm、500mm、600mm、900mm四种标准规格尺寸。常见的有二柱M132，宽度为132mm，两边为柱状（H_1=500mm，H=584mm，L=80mm），中间为波浪形的纵向肋片；四柱813宽度为164mm，两边为柱状（H_1=642mm，H=813mm，L=57mm）。最高工作压力：对普通灰铸铁，热水温度低于130℃时，P_b=0.5MPa（当以稀土灰铸铁为材质时，P_b=0.8MPa）；当以蒸汽为热媒时，P_b=0.2MPa。

柱型散热器有带脚和不带脚两种片型，便于落地或挂墙安装。柱型散热器与翼型散热器相比，其金属热强度及传热系数高，外形美观，易清除积灰，容易组成所需的面积，因而得到广泛的应用。

（二）钢制散热器

我国生产的钢制散热器主要有以下几种形式：

1.闭式钢串片对流散热器

闭式钢串片对流散热器由钢管、钢片、联箱及管接头组成。钢管上的串片采用0.5mm的薄钢片，串片两端折边90°形成封闭形。许多封闭垂直空气通道，增强了对流放热能力，同时也使串片不易被损坏。

2.板型散热器

板型散热器由面板、背板、进出水口接头、放水阀固定套及上下支架组成。背板有带对流片和不带对流片两种板型。而面板、背板多用1.2～1.5mm厚的冷轧钢板冲压成型，在面板直接压出呈圆弧形或梯形的散热器水道。水平联箱压制在背板上，经复合滚焊形成整体。为增大散热面积，在背板后面焊上0.5mm的冷轧钢板对流片。

3.钢制柱型散热器

其构造与铸铁柱型散热器相似，每片也有几个中空立柱。这种散热器是采用1.25 ~ 1.5mm厚的冷轧钢板冲压延伸形成片状半柱型。将两片片状半柱型经压力滚焊复合成单片，单片之间经气体弧焊连接成散热器。

4.扁管型散热器

它是采用52mm × 11mm × 1.5mm（宽 × 高 × 厚）的水通路扁管叠加焊接在一起，它两端加上断面35mm × 40mm的联箱制成。扁管型散热器外形尺寸是以52mm为基数，形成三种高度规格：416mm（8根）、520mm（10根）和624mm（12根）。长度由600mm开始，以200mm进位至2000mm共8种规格。

扁管散热器的板型有单板、双板、单板带对流片和双板带对流片四种结构形式。单、双板扁管散热器两面均为光板，板面温度较高，有较多的辐射热。带对流片的单、双板扁管散热器，每片散热量比同规格的不带对流片的大，热量主要是以对流的方式传递。

二、散热器选择与布置

（一）散热器的选用

选用散热器类型时，应注意在热工、经济、卫生和美观等方面的基本要求，但要根据具体情况有所侧重。设计选择散热器时，应符合下列原则性的规定：

（1）散热器的工作压力。当以热水为热媒时，不得超过制造厂规定的压力值。对高层建筑使用热水供暖时，首先要求保证承压能力，这对系统的安全运行至关重要。当采用蒸汽为热媒时，在系统启动和停止运行时，散热器的温度变化剧烈，易使接口等处渗漏，因此，铸铁柱型和长翼型散热器的工作压力不应高于0.2MPa，铸铁圆翼型散热器不应高于0.4MPa。

（2）在民用建筑中，宜采用外形美观、易于清扫的散热器。

（3）在放散粉尘或防尘要求较高的生产厂房，应采用易于清扫的散热器。

（4）在具有腐蚀性气体的生产厂房或相对湿度较大的房间，宜采用耐腐蚀的散热器。

（5）采用钢制散热器时，应采用闭式系统，并满足产品对水质的要求，在非供暖季节供暖系统应充水保养；蒸汽供暖系统不得采用钢制柱型、板型和扁管等散热器。

（6）采用铝制散热器时，应选用内防腐型铝制散热器，并满足产品对水质的要求。

（7）安装热量表和恒温阀的热水供暖系统不宜采用水流通道内含有黏砂的铸铁等散热器。

（二）散热器的布置

布置散热器时，应注意下列规定：

（1）散热器一般应安装在外墙的窗台下，这样，沿散热器上升的对流热气流能阻止和改善从玻璃窗下降的冷气流和玻璃冷辐射的影响，使流经室内的空气比较暖和、舒适。

（2）为了防止冻裂散热器，两道外门之间，不准设置散热器。在楼梯间或其他有冻结危险的场所，其散热器应由单独的立、支管供热，且不得装设调节阀。

（3）散热器一般应该明装、布置简单。内部装修要求较高的民用建筑可采用暗装。托儿所和幼儿园应暗装或加防护罩，以防烫伤儿童。

（4）在垂直单管或双管热水供暖系统中，同一房间的两组散热器可以串联连接；贮藏室、盥洗室、厕所和厨房等辅助用室及走廊的散热器，可同邻室串联连接。两串联散热器之间的串联管直径应与散热器接口直径相同，以便水流畅通。

（5）在楼梯间布置散热器时，考虑楼梯间热流上升的特点，应尽量布置在底层或按照一定比例分布在下部各层。

（6）铸铁散热器的组装片数，不宜超过下列数值：粗柱型–20片；细柱型（四柱）–25片；长翼型–7片。

三、散热器的计算面积

在设计条件下，单位时间内散热器的散热量应等于房间供暖设计热负荷。散热器的传热性能是在标准化的测试小室用一定的片数（柱型用8片）、明装、同侧上进下出连接的散热器，在稳定条件下测出的。将实验结果整理成式（3-1）：

$$K = a(\Delta t)^b = a(t_m - t_R) \text{或} Q_t = c\Delta t^B \quad (3\text{-}1)$$

式中：Q_t——散热器的散热量，W；

K——散热器的传热系数，W/（m²·℃）；

a，b，c，B——回归实验结果得到的散热器传热特性系数；

t_m——散热器的热媒平均温度，℃；

Δt——散热器热媒平均温度t_m与室内空气温度t_R之差，℃；（$\Delta t = \frac{t_i + t_o}{2} - t_R$，其中$t_i$，$t_o$分别为散热器进、出口水温，单位为℃）

t_R——室内空气温度，℃。

当已知或查到传热系数k后，即可用式（3-2）得到散热器计算面积：

$$A = \frac{Q}{k(t_m - t_R)}\beta_1\beta_2\beta_3 = \frac{Q}{k\Delta t}\beta_1\beta_2\beta_3 \quad (3\text{-}2)$$

式中：A——散热器计算面积，m²；

Q——供暖设计热负荷，W；

β_1——散热器的片数修正系数；

β_2——散热器的连接方式修正系数；

β_3——散热器的安装形式修正系数。

当使用条件与测试条件不同时，散热器的传热性能发生变化，要用不同的系数β_1，β_2和β_3进行修正。

由于成组散热器两边的散热器片，其外侧没有相邻片的遮挡，因此，比中间片的单片散热量大。当实际片数少于测试时规定的片数时，边片传热面积在总传热面积中所占的比例增大，使其单位传热面积传热量增大，即传热系数增加，所需散热器片数减少，所乘片数修正系数β_1<1；同理，当实际片数多于测试规定的片数时，β_1>1。片式散热器计算片数时，其片数$n = \frac{A}{a}$，其中，a为一片散热器的散热面积，m^2/片。先取β_1=1计算其散热面积和片数后，再对钢制板型及扁管型等整体式散热器，用不同规格的散热器分别进行试验，得到各自的热工性能参数，不进行片数修正。

第二节　风机盘管

风机盘管机组简称风机盘管。它是由小型风机、电动机和盘管（空气换热器）等组成的空调系统末端装置之一。盘管管内流过冷冻水或热水时与管外空气换热，使空气被冷却、除湿或加热来调节室内的空气参数。它是常用的供冷、供热末端装置。

一、风机盘管的构造、分类和特点

风机盘管机组按照结构形式不同，可分为立式、卧式、壁挂式和卡式等，其中，立式又分为立柱式和低矮式；按照安装方式不同，可分为明装和暗装；按照进水方位不同，分为左式和右式（按照面对机组出风口的方向，供回水管在左侧或右侧来定义左式或右式）；前向多翼离心风机或贯流风机，每一台机组的风机可为单台、两台或多台；单相电容式低噪声调速电动机，可改变电机的输入电压，变换电机转速，使提供的风量按照高、中、低三档调节（三档风量一般按照额定风量1：0.75：0.5设置）；盘管，一般是2～3排铜管串铝合金翅片的换热器，其冷冻水或热水进、出口与水系统的冷、热水管路相连。为了保护风机和电机，减轻积灰对盘管换热效果的影响和减少房间空气中的污染物，在风机盘管（除卧式暗装机组外）的空气进口处装有便于清洗、更换的过滤器以阻留灰尘和纤维物。为了降低噪声，箱体的内壁贴有吸声材料。

壁挂式风机盘管机组全部为明装机组，其结构紧凑、外观好，直接挂于墙的上方。卡式（天花板嵌入式）机组，比较美观的进、出风口外露于顶棚下，风机、电动机和盘管置于顶棚之上，属于半明装机组。立柱式机组外形像立柜，高度在1800mm左右。有的机组长宽比接近正方形；有的机组是长宽比为

2∶1～3∶1的长方形。除了壁挂式和卡式机组以外，其他各种机组都有明装和暗装两种机型。明装机组都有美观的外壳，自带进风口和出风口，在房间内进行明装。暗装机组的外壳一般用镀锌钢板制作，有的机组风机裸露，安装时将机组设置于顶棚上、窗台下或隔墙内。国家标准《风机盘管机组》（GB/T 19232-2019）中规定，风机盘管机组根据机外静压分为两类：低静压型与高静压型。规定在标准空气状态和规定的试验工况下，单位时间内进入机组的空气体积流量（m^3/h或m^3/s）为额定风量。低静压型机组在额定风量时的出口静压为0或12Pa，对带风口和过滤器的机组，出口静压为0；对不带风口和过滤器的机组，出口静压为12Pa；高静压机组在额定风量时的出口静压不小于30Pa。除了上述常用的单盘管机组（代号省略）外，还有双盘管机组。单盘管机组内只有1个盘管，冷热兼用，单盘管机组的供热量一般为供冷量的1.5倍；双盘管机组内有2个盘管，分别供热和供冷。

用高档转速下机组的额定风量（m^3/h）标注其基本规格。如 FP-68，即高档转速下的额定风量为 680m^3/h 的风机盘管。国家标准《风机盘管机组》规定风机盘管共有 FP-34 ～ FP-238 九种基本规格。额定风量范围为 340 ～ 2380m^3/h。中外合资或外国独资企业生产的风机盘管机组的规格通常用英制单位的风量（ft^3/min）来表示，如规格 200（或称 002 或 02 型）的风机盘管，风量为 200ft^3/min，即 340m^3/h。

基本规格的机组额定供冷量为1.8～12.6kW，额定供热量为2.7～17.9kW。实际生产的风机盘管中最大的制冷量约为20kW，供热量约为33.5kW。低静压型机组的输入功率约为37～228W，高静压型机组的输入功率分为两档：出口静压30Pa的机组为44～253W；出口静压50Pa的机组为49～300W。同一规格的低静压型机组的噪声要低于高静压型机组。低静压型机组的噪声为37～52dB（A）；高静压型机组的噪声为40～54dB（A）（机外静压30Pa）或42～56dB（A）（机外静压50Pa），风机盘管的水侧阻力为30～50kPa。

二、风机盘管的选择与安装要求

风机盘管有两个主要参数：制冷（热）量和送风量。所以，风机盘管的选择有如下两种方法：

（1）根据房间循环风量选：房间面积、层高（吊顶后）和房间换气次数三者的乘积即为房间的循环风量。利用循环风量对应风机盘管高速风量，即可确定风机盘管的型号。

（2）根据房间所需的冷负荷选择：根据单位面积负荷和房间面积，可得到房间所需的冷负荷值。利用房间冷负荷对应风机盘管的高速风量时的制冷量即可确定风机盘管型号。

此外，风机盘管应根据房间的具体情况和装饰要求选择明装或暗装，确定安装位置、形式。立式机组一般放在外墙窗台下；卧式机组吊挂于房间的上部；壁挂式机组挂在墙的上方；立柱式机组可靠墙放置于地面或隔墙内；卡式机组镶嵌于天花板上。明装机组直接放在室内，不需进行装饰，但应选择外观颜色与房间色调相协调的机组；暗装机组应配上与建筑装饰相协调的送风口、回风口，并在回风口上配风口过滤器。还应在建筑装饰时留有可拆卸或可开启的维修口，便于拆装和检修机组的风机和电机以及清洗空气换热器。

卧式暗装机组多暗藏于顶棚上，其送风方式有两种：上部侧送和顶棚向下送风。如采用侧送方式，可选用低静压型的风机盘管，机组出口直接接双层百叶风口；如采用顶棚向下送风，应选用高静压型风机盘管，机组送风口可接一段风管，其上接若干个散流器向下送风。卧式暗装机组的回风有两种方式：在顶棚上设百叶或其他形式回风口和风口过滤器，用风管接到机组的回风箱上；不设风管，室内空气进入顶棚，再被置于顶棚上的机组所吸入。选用风机盘管时，应注意房间对噪声控制的要求。风机盘管中风机的供电电路应为单独的回路，不能与照明回路相连，要连到集中配电箱，以便集中控制操作，在不需要系统工作时可集中关闭机组。

风机盘管的承压能力为1.6MPa，所选风机盘管的承压能力应大于系统的最大工作压力。风机盘管机组的全热冷量、显热供冷量和供热量用焓差法测定。在规定的试验工况和参数下测定机组的风量，进出口空气的干、湿球温度，进出口水的温度、压力和流量，并测定风机的输入功率。由此可确定在制冷工况下风机盘管的各项性能指标：风量、全热供冷量、显热供冷量、水流量，水侧的阻力、输入功率等。利用风侧所测得的数据，按照以下式（3-3）和式（3-4）确定风机盘管的风侧全热供冷量、显热供冷量。

全热供冷量

$$Q_t = M_a(h_i - h_o) \tag{3-3}$$

显热供冷量

$$Q_s = M_a c_p(t_i - t_o) \quad (3\text{–}4)$$

式中：Q_t，Q_s——风机盘管风侧的全热供冷量和显热供冷量，kW；

h_i，h_o——风机盘管进、出口空气的比筒，kJ/kg；

t_i，t_o——风机盘管进、出口空气的干球温度，℃；

M_a——风机盘管的风量，kg/s；

c_p——空气定压比热，c_p=1.01kJ/（kg·℃）。

同样用焓差法，可以按照式（3–5）确定风机盘管风侧在供热工况下的供热量：

$$Q_h = M_a c_p(t_o - t_i) \quad (3\text{–}5)$$

式中：Q_h——风机盘管的供热量，kW；

其他符号同前。

根据风机盘管水侧的流量和进、出口温差，同样也能测得其供冷量或供热量（分别称为水侧供冷量或供热量）。所测得的风侧和水侧供冷（热）量，两侧平衡误差应在5%以内。取风侧和水侧的供冷（热）量的算术平均值作为供冷量和供热量的实测值。

第三节　空气处理机组

全空气系统中，送入各个区（或房间）的空气在机房内集中处理。对空气进行处理的设备称为空气处理机组，或称空调机组。

一、空气处理机组的类型

市场上有各种功能和规格的空调机组产品供空调用户选用。不带制冷机的空调机组主要有两大类：组合式空调机组和整体式空调机组。

组合式空调机组由各种功能的模块（称功能段）组合而成，用户可以根据自己的需要选取不同的功能段进行组合。按照水平方向进行组合称卧式空调机组；也可以叠置成立式空调机组。机组主要由风机段、空气加热段、表冷段、空气过滤段、混合段（上部和侧部风口装有调节风门）等功能段组成。组合式空调机组使用灵活方便，是目前应用比较广泛的一种空调机组。整体式空调机组在工厂中组装成一体，有卧式和立式两种机型。这种机组结构紧凑、体形较小，适用于需要对空气处理的功能不多、机房面积较小的场合。组合式空调机组最小规格风量为2000m^3/h，最大规格风量可达$20\times10^4m^3/h$。

组合式空调机组断面的宽×高的变化规律有两类。有些企业生产的空调机组，一定风量的机组的宽×高是一定的；另一些企业的空调机组，一定风量的机组可以有几种宽×高组合，所有的尺寸都与标准模数成比例，它的使用更为灵活。

二、空气处理机组的功能

下面将介绍组合式机组中的各种功能段，这些功能段同样也用于定型的整体机组内，不过这些机组内只用了其中七种功能段。

（一）空气过滤段

空气过滤段的功能是对空气的灰尘进行过滤。有粗效过滤和中效过滤两种。中效过滤段通常用无纺布的袋式过滤器。粗效过滤段有板式过滤器（多层金属网、合成纤维或玻璃纤维）和无纺布的袋式过滤器两种。袋式过滤器的过滤段长度比板式的长。为了便于定期对过滤器进行更换、清洗，有的空调机组可以把过滤器从侧部抽出，有的空调机组在过滤段的上游功能段（如混合段）设检修门。

（二）表冷器（冷却盘管）段

表冷器段用于空气冷却去湿处理。该段通常装有铜管套铝翅片的盘管。有4排、6排、8排管的冷却盘管可供用户选择。表冷器迎面风速一般不大于2.5m/s，太大的迎面风速会使冷却后的空气夹带水滴，而使空气湿度增加。当迎面风速大于2.5m/s时，表冷段的出风侧设有挡水板，以防止气流中夹带水滴。为了便于对表冷器进行维护，有的空调机组可以把表冷器从侧部抽出，有的则在表冷器段的上游功能段设检修门。

（三）喷水室

喷水室是利用水与空气直接接触对空气进行处理的设备，主要用于对空气进行冷却、去湿或加湿处理。喷水室的优点是：只要改变水温即可改变对空气的处理过程，它可实现对空气进行冷却去湿、冷却加湿（降焓、等焓或增焓）、升温加湿等多种处理过程；水对空气还有净化作用。其缺点是：喷水室体积大，约为表冷器段的3倍；水系统复杂，且是开放的，易对金属腐蚀；水与空气直接接触，易受污染，需定期换水，耗水多。目前，民用建筑中很少用它，主要用于有大湿度或对湿度控制要求严格的场合，如纺织厂车间的空调、恒温恒湿空调等。国内只有部分厂家生产喷水室。

（四）空气加湿段

加湿的方法有多种，组合式空调机组中加湿段有多种形式可供选择。常用的加湿方法有以下5种：

1.喷蒸汽加湿

在空气中直接喷蒸汽。这是一个近似等温加湿的过程。如果蒸汽直接经喷管的小孔喷出，由于蒸汽在管内流动过程中被冷却而产生凝结水，喷出蒸汽将夹带凝结水，从而出现细菌繁殖、产生气味等问题。空调机组目前都采用干蒸汽加湿器，可以避免夹带凝结水。干蒸汽加湿器加湿迅速、均匀、稳定、不带水滴，加湿量易于控制，适用于对湿度控制严格的场所，但也只能用于有蒸汽源的建筑物中。

2.高压喷雾加湿

利用水泵将水加压到0.3～0.35MPa（表压）下进行喷雾，可获得平均粒径为20～30μm的水滴，在空气中吸热汽化，这是一个接近等焓的加湿过程。高压喷雾的优点是加湿量大、噪声低、消耗功率小、运行费用低。缺点是有水滴析出，使用未经软化处理的水会出现“白粉”现象（钙、镁等杂质析出）。这是目前空调机组中应用较多的一种加湿方法。

3.湿膜加湿

湿膜加湿又称淋水填料层加湿。利用湿材料表面向空气中蒸发水汽进行加湿。可以利用玻璃纤维、金属丝、波纹纸板等做成一定厚度的填料层，材料上淋水或喷水使之湿润，空气通过湿填料层而被加湿。这个加湿过程与高压喷雾一样，是一个接近等焓的加湿过程。这种加湿方法的优点是设备结构简单、体积小、填料层有过滤灰尘作用，填料还有挡水功能，空气中不会夹带水滴。缺点是湿表面容易滋生微生物，用普通水的填料层易产生水垢，另外，填料层容易被灰尘堵塞，需要定期维护。

4.透湿膜加湿

透湿膜加湿是利用化工中的膜蒸馏原理的加湿技术。水与空气被疏水性的微孔湿膜（透湿膜，如聚四氯乙烯微孔膜）隔开，在两侧不同的水蒸气分压差的作用下，水蒸气通过透湿膜传递到空气中，加湿了空气；水、钙、镁和其他杂质等则不能通过，这样，就不会有“白粉”现象发生。透湿膜加湿器通常是由用透湿膜包裹的水片层及波纹纸板叠放在一起组成，空气在波纹纸板间通过。这种加湿设备结构简单、运行费用低、节能，可实现干净加湿（无“白粉”现象）。

5.超声波加湿

超声波加湿的原理是将电能通过压电换能片转换成机械振动，向水中发射1.7MHz的超声波，使水表面直接雾化，雾粒直径为3～5μm，水雾在空气中吸热汽化，从而加湿了空气，这种方法也是接近等壁的加湿过程。这种方法要求使用软化水或去离子水，以防止换能片结垢而降低加湿能力。超声波加湿的优点是雾化效果好、运行稳定可靠、噪声低、反应灵敏而易于控制、雾化过程中能产生有益人体健康的负离子，耗电不多，为电热式加湿的10%左右。其缺点是价格贵，对水质要求高。国内空调机组尚无现成的超声波加湿段，但可以把超声波加湿装置直接装于空调机组中。

（五）空气加热段

有热水盘管（热水/空气加热器）、蒸汽盘管（蒸汽/空气加热器）和电加热器三种类型。热水盘管与冷却盘管结构形式一样，但可供选择的只有1排、2排、4排管的盘管。蒸汽盘管换热组件有铜管套铝翅片或绕片管，有1排或2排管可供选择。

（六）风机段

组合式空调机组中的风机段在某一风量范围内有几种规格可供选择。通常是根据系统要求的总风量和总阻力来选择风机的型号、转速、功率及配用电机。空调设备厂的样本中一般都提供所配风机的特性。而定型的整体空调机组一般只提供机组的风量及机外余压。因此，在设计时，管路系统（不含机组本身）的阻力不得超过所选机组的机外余压。

风机段用作回风机时，称回风机段。回风机段的箱体上开有与回风管的接口，而出风侧一般都连接分流段。

（七）其他功能段

除了上述主要的功能段外，还有一些辅助功能段。主要有：

（1）混合段。该段的上部和侧部开有风管接口，以接回风和新风管，通过入口处的风门以调节新回风比例。

（2）中间段（空段）。该段开有检修门，用于对机组内部的保养、维修，但有些厂家生产的机组主要设备都可抽出（如表冷器、加热盘管和过滤器等），可以不设中间段。

（3）二次回风段。该段开有回风入口的接管。

（4）消声段。该段用于消除风机的噪声，但使用消声段后机组过长，机房内布置困难，而且消声器理应装在风管出机房的交界处，以防机房噪声从消声器后的风管壁传入管内而传播出去，因此，在实际工程中很少应用，通常都在风管上装消声器。

第四节　换热器

一、换热器的种类

用来使热量从热流体传递到冷流体，以满足规定的工艺要求的装置统称换热器（或热交换设备）。换热器可以按照不同的方式分类。

按照工作原理不同，可将换热器分为三类。

（1）间壁式换热器：冷热流体被壁面分开，如暖风机、燃气加热器、冷凝器、蒸发器等。

（2）混合式换热器：冷热流体直接接触，彼此混合进行换热，在热交换时存在质交换，如空调工程中喷淋冷却塔、蒸汽喷射泵等。这种换热器在应用上常受到冷热两种流体不能混合的限制。

（3）回热式换热器：冷、热两种流体依次交替流过同一换热表面而实现热量交换的设备。在这种换热器中，固体壁面除了换热以外还起到蓄热的作用：高温流体流过时，固体壁面吸收并积蓄热量，然后释放给接着流过的低温流体。显然，这种换热器的热量传递过程是非稳态的。在空气分离装置、炼铁高炉及炼钢平炉中常用这类换热器来预冷或预热空气。

工程技术中应用最广泛的间壁式换热器。间壁式换热器的种类有很多，从构造上主要可分为管壳式、肋片管式、板式、板翅式、螺旋板式等，其中前两种用得最为广泛。

二、管壳式换热器

管壳式换热器流体在管外流动，管外各管间常设置一些圆缺形的挡板，其作用是提高管外流体的流速（挡板数增加，流速提高），使流体充分流经全部管面，改善流体对管子的冲刷角度，从而提高壳侧的表面传热系数。此外，挡板还可以起支撑管束、保持管间距离等作用。流体在管内流动，它从管的一端流到另一端，我们称为一个管程。当管子总数及流体流量一定时，管程数分得越多，则管内流速越高。

管壳式热交换器结构坚固，易于制造，适应性强，处理能力大，高温、高压情况下也可应用，换热表面清洗比较方便。这一类型换热设备是工业上用得最多、历史最久的一种，是占主导地位的换热设备。其缺点是材料消耗大、不紧凑。U形管式及套管式（一根大管中套一小管）换热器也属此类。

三、肋片管式换热器

肋片管也称翅片管，在管子外壁加肋，肋化系数可达25，大大增加了空气侧的换热面积，强化了传热。与光管相比，传热系数可提高1～2倍。这类换热器结构较紧凑，适用于两侧流体表面传热系数相差较大的场合。肋片管式换热器结构上最值得注意的是肋的形状和结构及镶嵌在管子上的方式。肋的形状可做成片式、圆盘式、带槽或孔式、皱纹式、钉式和金属丝式等。肋与管的连接方式可采用张力缠绕式、嵌片式、热套胀接、焊接、整体轧制、铸造及机加工等。肋片管的主要缺陷是肋片侧的流动阻力较大。不同的结构与镶嵌方式对流动阻力，特别是传热性能影响很大。当肋根与管之间接触不紧密而存在缝隙时，将形成接触热阻，使传热系数降低。

四、板式换热器

板式换热器是由若干传热板片及密封垫片叠置压紧组装而成，在两块板边缘之间由垫片隔开，形成流道，垫片的厚度就是两板的间隔距离，故流道很窄，通常只有3～4mm。板四角开有圆孔，供流体通过，当流体由一个角的圆孔流入后，经两板间流道，由对角线上的圆孔流出，该板的另外两个角上的圆孔与流道之间则用垫片隔断，这样可使冷热流体在相邻的两个流道中逆向流动，进行换热。为了强化流体在流道中的扰动，板面都做成波纹形，常见的有平直波纹、人字形波纹、锯齿形及斜纹形4种板型。

基本形板式换热器流道，冷热两流体分别由板的上、下角的圆孔进入换热器，并相间流过奇数及偶数流道，然后分别从下、上角孔流出，图中也显示奇数与偶数流道的垫片不同，以此安排冷热流体的流向。传热板片是板式换热器的关键元件，不同形式的板片直接影响到传热系数、流动阻力和承受压力的能力。

板片的材料，通常为不锈钢，对于腐蚀性强的流体（如海水冷却器），可用钛板。板式换热器传热系数高、阻力相对较小（相对于高传热系数）、结构紧凑、金属消耗量低、拆装清洗方便、传热面可以灵活变更和组合（例如，一种热流体与两种冷流体，同时在一个换热器内进行换热）等。已广泛应用于供热供暖系统及食品、医药、化工等部门。目前，板式换热器性能已达：最佳传热系数7000W/（m^2·K）（水–水）；最高操作压强28×10^5Pa；紧凑性250～1000m^2/m^3；金属消耗16kg/m^2。

第五节　送风口和回风口

一、送风口

送风口以安装的位置分，有侧送风口、顶送风口（向下送）、地面风口（向上送）；按照送出气流的流动状况，分为扩散型风口、轴向型风口和孔板送风。扩散型风口具有较大的诱导室内空气的作用，送风温度衰减快，但射程较短；轴向型风口诱导室内气流的作用小，空气温度、速度的衰减慢，射程远；孔板送风口是在平板上满布小孔的送风口，速度分布均匀、衰减快。常用的活动百叶风口，通常安装在侧墙上用作侧送风口。双层百叶风口有两层可调节角度的活动百叶，短叶片用于调节送风气流的扩散角，也可用于改变气流的方向，而调节长叶片可以使送风气流贴附顶棚或下倾一定角度（当送热风时）；单层百叶风口只有一层可调节角度的活动百叶。双层百叶风口中外层叶片或单层百叶风口的叶片可以平行长边，也可以平行短边，由设计者选择。这两种风口也常用作回风口。

用于远程送风的喷口，它属于轴向型风口，送风气流诱导室内风量少，可以送较远的距离，射程（末端速度0.5m/s处）一般可达到10～30m，甚至更远。通常在大空间（如体育馆、候机大厅）中用作侧送风口；送热风时可用作顶送风口。如风口既送冷风又送热风，应选用可调角喷口。可调角喷口的喷嘴镶嵌在球形壳中，该球形壳（与喷嘴）在风口的外壳中可转动，最大转动角度为30°，可人工调节，也可通过电动或气动执行器调节。在送冷风时，风口水平或上倾；送热风时，风口下倾。

比较典型的散流器，直接装于顶棚上，是顶送风口。平送流型的方形散流器，有多层同心的平行导向叶片，使空气流出后贴附于顶棚流动。样本中送风射程指散流器中心到末端速度为0.5m/s的水平距离。这种类型散流器也可以做成矩形。方形或矩形散流器可以是四面出风、三面出风、两面出风和一面出风。平送流型的圆形散流器与方形散流器相类似。平送流型散流器适宜用于送冷风。下送流型的圆形散流器，又称为流线型散流器。叶片间的竖向间距是可调的。增大叶片间的竖向间距，可以使气流边界与中心线的夹角减小。这类散流器送风气流夹角一般为20°~30°。因此，在散流器下方形成向下的气流。圆盘型散流器，射流以45°夹角喷出，流型介于平送与下送之间，适宜于送冷、热风。可调式条形散流器，条缝宽19mm，长为500~3000mm，可根据需要选用。调节叶片的位置，可以使散流器的出风方向改变或关闭。也可以多组组合在一起。条形散流器用作顶送风口，也可以用于侧送。固定叶片条形散流器。这种条形散流器的颈宽为50~150mm，长为500~3000mm。根据叶片形状，可以有三种流型。这种条形散流器可以用作顶送、侧送和地板送风。旋流式风口，其中顶送式风口。风口中有起旋器，空气通过风口后成为旋转气流，并贴附于顶棚流动。具有诱导室内空气能力大、温度和风速衰减快的特点。适宜在送风温差大、层高低的空间中应用。旋流式风口的起旋器位置可以上下调节，当起旋器下移时，可使气流变为吹出型。用于地板送风的旋流式风口，它的工作原理与顶送形式相同。置换送风口：风口靠墙置于地上，风口的周边开有条缝，空气以很低的速度送出，诱导室内空气的能力很弱，从而形成置换送风的流型。

二、回风口

房间内的回风口在其周围造成一个汇流的流场，风速的衰减很快，它对房间的气流影响相对于送风口来说比较小，因此，风口的形式也比较简单。上述的送风口中的活动百叶风口、固定叶片风口等都可以用作回风口，也可用送风风口铝网或钢网做成回风口。介绍两种专用于回风的风口。格栅式风口，风口内用薄板隔成小方格，流通面积大，外形美观。可开式百叶回风口。百叶风口可绕铰链转动，便于在风口内装卸过滤器。适宜用作顶棚回风的风口，以减少灰尘进入回风顶棚。还有一种固定百叶回风口，外形与可开式百叶风口相近，区别在不可开启，这种风口也是一种常用的回风口。

送风口、回风口的形式有很多，上面只介绍了几种比较典型、常用的风口，其他形式的风口可参阅有关生产厂的样本或手册。

第六节 局部排风罩和空气幕

一、局部排风罩类型

排风罩是局部排风系统中捕集污染物的设备。排风罩按照密闭程度分，有密闭式排风罩、半密闭式排风罩和开敞式排风罩。下面分别介绍这三类排风罩的工作原理和特点：

（一）密闭式排风罩

密闭式排风罩（或称“密闭罩”）是将生产过程中的污染源密闭在罩内，并进行排风，以保持罩内负压。当排风罩排风时，罩外的空气通过缝隙、操作孔口（一般只是手孔）渗入罩内，缝隙处的风速一般不应小于1.5m/s。排风罩内的负压宜在5～10Pa，排风罩排风量除了从缝隙孔口进入的空气量外，还应考虑因工艺需要而鼓入的风量，或污染源生成的气体量，或物料装桶时挤出的空气。选用风机的压头除考虑排风罩的阻力外，还应考虑由于工艺设备高速旋转导致罩内压力升高，或物料下落、飞溅（如皮带运输机的转运点、卸料点）带动空气运动而产生的压力升高，或由于罩内外有较大温差而产生的热压等。

密闭罩应当根据工艺设备具体情况设计其形状、大小。最好将污染物的局部散发点密闭，这样排风量少，比较经济。但有时无法做到局部点密闭，而必须将整个工艺设备，甚至把工艺流程的多个设备密闭在罩内或小室中，这类罩或小室开有检修门，便于维修。缺点是风量大、占地大。

密闭罩的主要优点是：能最有效地捕集并排除局部污染源产生的污染物；风量小，运行经济；排风罩的性能不受周围气流的影响。缺点是对工艺设备的维修和操作不便。

（二）半密闭式排风罩

半密闭式排风罩指由于操作上的需要，经常无法将产生污染物的设备完全或部分地封闭，而必须开有较大的工作孔的排风罩。属于这类排风罩的有柜式排风罩（或称“通风柜”“排风柜”）、喷漆室和砂轮罩等。不同形式的通风柜，其区别在于排风口的位置不同，适用于密度不同的污染物。污染物密度小时用上排风；密度大时用下排风；而密度不确定时，可选用上下同时排风，且上部排风口可调。通风柜的柜门上下可调节，在操作许可的前提下，柜门开启度越小越好，这样在同样的排风量下有较好的效果。半密闭式排风罩，其控制污染物能力不如密闭式。如果设计得好，将不失为一种比较有效的排风罩。

（三）开敞式排风罩

开敞式排风罩又称为外部排风罩。这种排风罩的特点是，污染源基本上是敞开的，而排风罩只在污染源附近进行吸气。为了使污染物被排风罩吸入，排风罩必须在污染源周围形成一速度场，其速度应能克服污染物的流动速度而引导至排风罩。开敞式吸气口的风速衰减很快，因此，开敞式排风罩应尽量靠近污染源处。吸气口处有围挡时，风速的衰减速度减缓，因此，开敞式排风罩在有可能的条件下尽量有围挡。

二、局部排风罩设计原则

排风罩是局部排风系统的一个重要设备，直接关系到排风系统治理污染物的效果。工厂中的工艺过程、设备千差万别，不可能有一种万能的排风罩适合所有情况，因而，必须根据具体情况设计排风罩。排风罩设计应遵守以下原则：

（1）应尽量选用密闭式排风罩，其次可选用半密闭式排风罩。

（2）密闭式和半密闭式排风罩的缝隙、孔口、工作开口在工艺条件许可下应尽量减小。

（3）排风罩的设计应充分考虑工艺过程、设备的特点，方便操作与维修。

（4）开敞式排风罩有条件时靠墙或靠工作台面，或增加挡板或设活动遮挡，从而可以减少风量，提高控制污染物的效果。

（5）开敞式排风罩应尽量靠近污染源。

（6）应当注意排风罩附近横向气流（如送风）的影响。

三、空气幕

空气幕是利用条状喷口送出一定速度、一定温度和一定厚度的幕状气流，用于隔断另一气流。它主要用于公共建筑、工厂中经常开启的外门，以阻挡室外空气侵入；或用于防止建筑火灾时烟气向无烟区侵入；或用于阻挡不干净的空气、昆虫等进入控制区域。在寒冷的北方地区，大门空气幕使用很普遍。在空调建筑中，大门空气幕可以减少冷量损失。空气幕也经常简称为风幕。

空气幕按照系统形式，可分为吹吸式和单吹式两种。吹吸式空气幕封闭效果好，人员通过对它的影响也较小。但系统较复杂，费用较高，在大门空气幕中较少使用。单吹式空气幕按照送风口的位置，又可分为上送式、下送式、单侧送风、双侧送风。上送式空气幕送出气流卫生条件好，安装方便，不占建筑面积，也不影响建筑美观，在民用建筑中应用很普遍。下送式空气幕的送风喷口和空气分配管装在地面以下，挡冷风的效果好，但送风管和喷口易被灰尘和垃圾堵塞，送出空气的卫生条件差，维修困难，因此，目前基本上没有应用；侧送空气幕隔断效果好，但双侧的效果不如单侧，侧送空气幕占有一定的建筑面积，而且影响建筑美观，因此很少在民用建筑中应用，主要用于工业厂房、车库等的大门上。

空气幕按照气流温度分，有热空气幕和非热空气幕。热空气幕分蒸汽（装有蒸汽加热盘管）、热水（装有热水加热盘管）和电热（装有电加热器）三种类型。热空气幕适用于寒冷地区冬季使用。非热空气幕就地抽取空气，不做加热处理。这类空气幕可用于空调建筑的大门，或在餐厅、食品加工厂等门洞阻挡灰尘、蚊蝇等进入。

市场上空气幕产品所用的风机有三种类型：离心风机、轴流风机和贯流风机。其中，贯流风机主要应用于上送式非热空气幕。寒冷地区应采用热空气幕，以避免在冬季使用时吹冷风，同时也给室内补充热量。但热空气幕送出的热风温度也不宜过高，一般不高于50℃。

第七节　除尘器与过滤器

一、除尘器

（一）除尘机理

悬浮颗粒分离机理（又称“除尘机理”）主要有以下8个方面：

（1）重力：依靠重力使气流中的尘粒自然沉降，将尘粒从气流中分离出来。这是一种简便的除尘方法。这个机理一般局限于分离50～100μm的粉尘。

（2）离心力：含尘空气做圆周运动时，由于离心力的作用，粉尘和空气会产生相对运动，使尘粒从气流中分离。这个机理主要用于10μm以上的尘粒。

（3）惯性碰撞：含尘气流在运动过程中遇到物体的阻挡（如挡板、纤维、水滴等）时，气流要改变方向进行绕流，细小的尘粒会沿气体流线一起流动。而质量较大或速度较大的尘粒，由于惯性，来不及跟随气流一起绕过物体，因而，脱离流线向物体靠近，并碰撞在物体上而沉积下来。

（4）接触阻留：当某一尺寸的尘粒沿着气流流线刚好运动到物体（如纤维或液滴）表面附近时，因与物体发生接触而被阻留，这种现象称为接触阻留。

（5）扩散：由于气体分子热运动对尘粒的碰撞而产生尘粒的布朗运动，对于越小的尘粒越显著。微小粒子由于布朗运动，使其有更大的机会运动到物体表面而沉积下来，这个机理称为扩散。对于小于或等于0.3μm的尘粒，是一个很重要的机理。而大于0.3μm的尘粒，其布朗运动减弱，一般不足以靠布朗运动使其离开流线碰撞到物体上面去。

（6）静电力：悬浮在气流中的尘粒都带有一定的电荷，可以通过静电力使它从气流中分离。在自然状态下，尘粒的带电量很小，要得到较好的除尘效果必须设置专门的高压电场，使所有的尘粒都充分荷电。

（7）凝聚：凝聚作用不是一种直接的除尘机理。通过超声波、蒸汽凝结、加湿等凝聚作用，可以使微小粒子凝聚增大，然后用一般的除尘方法去除。

（8）筛滤作用：筛滤作用是指当尘粒的尺寸大于纤维网孔尺寸时而被阻留下来的现象。

（二）除尘器分类

根据主要的除尘机理的不同，除尘器可分为六类。

（1）重力除尘：如重力沉降室。

（2）惯性除尘：如惯性除尘器。

（3）离心力除尘：如旋风除尘器。

（4）过滤除尘：如袋式除尘器、颗粒层除尘器、纤维过滤器、纸过滤器。

（5）洗涤除尘：如自激式除尘器、旋风水膜除尘器。

（6）静电除尘：如电除尘器。

（三）除尘器的选择

袋式除尘器是一种干式的高效除尘器，它利用多孔的袋状过滤元件的过滤作用进行除尘。由于具有除尘效率高（对于1.0μm的粉尘，效率高达98%～99%）、适应性强、使用灵活、结构简单、工作稳定、便于回收粉尘、维护简单等优点，袋式除尘器在冶金、化学、陶瓷、水泥、食品等不同的工业部门中得到广泛的应用，在各种高效除尘器中，是最有竞争力的一种除尘设备。重力除尘器虽然结构简单、投资省、耗钢少、阻力小（一般为100～150Pa），但在实际除尘工程中，由于其效率低（对于干式沉降室效率为56%～60%）和占地面积大，很少使用。

惯性除尘器是使含尘气流方向急剧变化或与挡板、百叶等障碍物碰撞时，利用尘粒自身惯性力从含尘气流中分离的装置。其性能主要取决于特征速度、折转半径与折转角度。其除尘效率低于沉降室，可用于收集大于20μm粒径的尘粒。压力损失则因结构形式不同差异很大，一般为100～400Pa。进气管内气流速度取10m/s为宜。其结构形式有气流折转式、重力折转式、百叶板式与组合式几种。

旋风除尘器是利用气流旋转过程中作用在尘粒上的惯性离心力，使尘粒从气流中分离出来的设备。旋风除尘器结构简单、造价低、维修方便；耐高温，可高达400℃；对于10～20μm的粉尘，除尘效率为90%左右。因此，旋风除尘器在工业通风除尘工程和工业锅炉的消烟除尘中得到了广泛的应用。

湿式除尘器是通过含尘气流与液滴或液膜的接触，在液体与粗大尘粒的相互碰撞、滞留，细小的尘粒的扩散、相互凝聚等净化机理的共同作用下，使尘粒从气流中分离出来。这种方法简单、有效，因而，在实际的工业除尘工程中获得了广泛的应用。

利用电力捕集气流中悬浮尘粒的设备称为电除尘器，它是净化含尘气体最有效的装置之一。电除尘器原理主要有四个过程：气体的电离；悬浮尘粒的荷电；荷电尘粒向电极运动；荷电尘粒沉积在收尘电极上。采用电除尘器虽然一次性投资较其他类型的除尘器要高，但由于它具有除尘效率高、阻力小、能处理高温烟气、处理烟气量的能力大和日常运行费用低等优点，因此，在火力发电、冶金、化学、造纸和水泥等工业部门的工业通风除尘工程和物料回收中获得广泛的应用。

二、过滤器

空气过滤器是通过多孔过滤材料（如金属网、泡沫塑料、无纺布、纤维等）的作用从气固两相流中捕集粉尘，并使气体得以净化的设备。它把含尘量低（每立方米空气中含零点几至几毫克）的空气净化处理后送入室内，以保证洁净房间的工艺要求和一般空调房间内的空气洁净度。

根据过滤器效率，空气过滤器可分为五类。

（一）粗效过滤器

粗效过滤器的作用是除掉5μm以上的沉降性尘粒和各种异物，在净化空调系统中常作为预过滤器，以保护中效、高效过滤器。在空调系统中常做进风过滤器用。

粗效过滤器的滤料一般为无纺布、金属丝网、玻璃丝（直径约为20μm）、粗孔聚氨酯泡沫塑料和尼龙网等。为了提高效率和防止金属腐蚀，金属网、玻璃丝等材料制成的过滤器通常浸油使用。由于粗效过滤器主要利用它的惯性效应，因此，滤料风速可以稍大，滤速一般可取1～2m/s。

（二）中效过滤器

中效过滤器的主要作用是除掉1～10μm的悬浮性尘粒。在净化空调系统和局部净化设备中作为中间过滤器，以减少高效过滤器的负担，延长高效过滤器的寿命。中效过滤器的滤料主要有玻璃纤维（纤维直径为10μm左右）、中细孔聚乙烯泡沫塑料和由涤纶、丙纶、腈纶等原料制成的合成纤维毡（俗称“无纺布”）。有一次性使用和可清洗的两种。由于滤料厚度和速度的不同，它包括很大的效率范围，滤速一般在0.2～1.0m/s。

（三）高中效过滤器

高中效过滤器能较好地去除1μm以上的粉尘粒子，可做净化空调系统的中间过滤器和有一般净化要求的送风系统的末端过滤器。高中效空气过滤器的常用滤料是无纺布。

（四）亚高效过滤器

亚高效过滤器能较好地去掉0.5μm以上粉尘粒子，可做净化空调系统的中间过滤器和低级别净化空调系统（≥100000级，M6.5级）的末端过滤器。

亚高效过滤器采用超细玻璃纤维滤纸或聚丙烯滤纸为滤材，经密摺而成。密摺的滤纸由纸隔板或铝箔隔板做成的小插件间隔，保持流畅通道，外框为镀锌板、不锈钢板或铝合金型材，用新型聚氨酯密封胶密封。可广泛用于电子、制药、医院、食品等行业的一般性过滤，也可用于耐高温场所。

（五）高效过滤器

高效过滤器主要用于过滤掉0.5μm以下的亚微米级尘粒，高效过滤器是净化空调系统的终端过滤设备和净化设备的核心。

常用的高效过滤器有GB型（有隔板的折叠式）和GWB型（无隔板的折叠式）。GB型高效过滤器，其滤料为超细玻璃纤维滤纸，孔隙非常小。采用很低的滤速（以cm/s计），这就增强了对小尘粒的筛滤作用和扩散作用，所以具有很高的过滤效率，同时，低滤速也降低了高效过滤器的阻力，初阻力一般为200～250Pa。

由于滤速低（1～1.5cm/s），所以需将滤纸多次折叠，使其过滤面积为迎风面积的50～60倍。折叠后的滤纸间通道用波纹分隔片隔开。

第八节　泵与风机

一、水泵种类与选择

（一）水泵种类

水泵按照工作原理大致分为以下三类：

1.动力式泵

动力式泵可分为离心泵、混流泵、轴流泵和旋涡泵。动力式泵靠快速旋转的叶轮对液体的作用力，将机械能传递给液体，使其动能和压力能增加，然后再通过泵缸，将大部分动能转换为压力能而实现输送。动力式泵又称叶轮式泵或叶片式泵。离心泵是最常见的动力式泵。离心泵又可分单级泵、多级泵。单级泵可分为单吸泵、双吸泵、自吸泵和非自吸泵等。多级泵可分为节段式和蜗壳式。混流泵可分为蜗壳式和导叶式。轴流泵可分为固定叶片和可调叶片。旋涡泵也可分为单吸泵、双吸泵、自吸泵和非自吸泵等。

2.容积式泵

容积泵可分为往复泵和转子泵。

容积式泵是依靠工作元件在泵缸内作往复或回转运动，使工作容积交替地增大和缩小，以实现液体的吸入和排出。工作元件做往复运动的容积式泵称为往复泵，做回转运动的称为回转泵。前者的吸入和排出过程在同一泵缸内交替进行，并由吸入阀和排出阀加以控制；后者则通过齿轮、螺杆、叶形转子或滑片等工作元件的旋转作用，迫使液体从吸入侧转移到排出侧。

3.喷射式泵

喷射式泵是靠工作流体产生的高速射流引射流体，然后通过动量交换而使被引射流体的能量增加。

（二）泵的选用原则

（1）根据输送液体物理化学（温度、腐蚀性等）性质选取适用的种类泵。

（2）泵的流量和扬程能满足使用工况下的要求，并且应有10%～20%的富余量。

（3）应使工作状态点经常处于较高效率值范围内。

（4）当流量较大时，宜考虑多台并联运行；但并联台数不宜过多，尽可能采用同型号泵并联。

（5）选泵时必须考虑系统静压对泵体的作用，注意工作压力应在泵壳体和填料的承压能力范围之内。

（三）水泵的选用方法

（1）流量Q和扬程H确定需要输送的最大流量Q_{max}，由管路水力计算确定的最大扬程H_{max}，考虑一定的富余量：

$$Q=(1.05\sim1.10)\ Q_{max} \tag{3-6}$$

$$H=(1.10\sim1.15)\ H_{max} \tag{3-7}$$

（2）泵的种类选择。分析泵的工作条件，如液体的温度、腐蚀性、是否清洁等，并根据其流量、扬程范围，确定泵的类型（清水泵、耐酸泵、热水泵、油泵、污水泵、潜水泵等）。

（3）确定工况点。利用泵的综合性能曲线，进行初选，确定泵的型号、尺寸及转数。将泵的性能曲线Q–H与管路系统的特性曲线R绘在同一张直角坐标图上，二者的交点即是工况点，进而定出效率和功率。

二、风机种类与选择

（一）风机种类

一般建筑工程中常用的通风机，按照其工作原理可分为离心式和轴流式两大类。相比之下，离心式风机的压头较高，可用于阻力较大的送排风系统；轴流式则风量大而压头较低，经常用于系统阻力小甚至无管路的送排风系统。混流式又称作斜流式风机，是介于离心式和轴流式风机之间的近期应用较多的一种风机器。其压头比轴流风机高，而流量比同机号的离心风机大。输送的空气介质沿机壳轴向流动，具有结构紧凑、安装方便等特点。多用于锅炉引风机、建筑通风和防排烟系统中。

由于空调技术的发展，要求有一种小风量、低噪声、压头适当并便于与建筑相配合的小型风机——贯流式（又称“横流式”）风机。其动压高，可以获得无紊流的扁平而高速的气流，因而，多用于空气幕（热风幕）、家用电扇，并可作为汽车通风、干燥器的通风装置。

（二）风机的选用原则

（1）根据风机输送气体的物理、化学性质的不同，如有清洁气体、易燃、易爆、粉尘、腐蚀性等气体之分，选用不同用途的风机；

（2）风机的流量和压头能满足运行工况的使用要求，并应有10%～20%的富余量；

（3）应使风机的工作状态点经常处于高效率区，并在流量-压头曲线最高点的右侧下降段上，以保证工作的稳定性和经济性；

（4）对有消声要求的通风系统，应首先选择效率高、转数低的风机，并应采取相应的消声减振措施；

（5）尽可能避免采用多台并联或串联的方式，当不可避免时，应选择同型号的风机联合工作。

（三）风机的选用

（1）通风机的规格表示。机号，以风机叶轮直径的dm值（尾数四舍五入）冠以符号“No”表示。例如，以No6表示6号风机。

（2）风机的工作状态点。不考虑通风系统的吸风口和出风口处存在有静压差这一特殊情况，管网的特性曲线取决于管网的总阻抗，其呈抛物线向上，随流量的增大而增大。风机特性曲线和管网特性曲线的交点即为风机在管网中的工况点。

第四章　暖通空调系统节能运行

第一节　供暖热源及热力站的节能运行

一、各种供暖方式费用比较

热价的确定不仅是个技术经济问题，还涉及许多社会问题和政策问题。对于供热企业，热价包括生产成本和盈利。生产成本指生产过程中各种消耗的支出，包括供热设备的投资、折旧，燃料消耗、水泵电耗、水处理费用、水耗及人员工资等，而盈利则包括企业利润和税金等。由于供热系统的特殊性，国外供热系统发达的国家一般执行两部热价法，其一为固定热价，即容量热费，根据用户采暖面积而不管用户是否用热或用量多少收取的费用；其二为实耗热费，即热量热费，是根据用户实际用热量的多少来分摊计算的热费。固定热费与实耗热费的比例的确定与建筑类型、能源种类、热源形式等有关，固定热费比例越高，越有利于供热企业的收费，但不利于用户的行为节能。各种供暖方式运行费用相差较大。运行费用包括供热能源燃料费用、动力费用、水费（管网）、运行管理费、设备维修费用和人工费等，其中燃料费用占重要部分，不同燃料差别极大。年综合费用包括各项运行费用和各设备的年折旧费用。

二、集中采暖热源的运行调节

热源的优化运行主要考虑锅炉负荷率与运行效率的关系、锅炉运行时间与运行效果的关系、锅炉间歇运行与热效率的关系、循环水量与动力电耗的关系等。

锅炉房鼓风机、引风机变频技术可以根据所需负荷调节风机风量，达到节省燃料及节电的效果。所以在供热系统中采用锅炉房鼓风机、引风机变频自动调节技术是一种很好的节能手段。新建热源可为热电厂、区域锅炉房、地热站等。当采用燃气、燃油和电热锅炉房作为热源时，为了便于调节，每个锅炉房的供热面积不宜过大。热源/热力站需要配置水处理装置（软化与除氧），保证系统水质满足要求，控制系统水质和系统补水水质，系统水溶解氧≤0.1mg/L。

建筑物热力入口指连接外网和建筑物内系统，具有调节、检测、关断等功能的装置组合。一般来说，锅炉房应设热量计量装置，以便于生产单位与供热单位进行热费结算；热力站也应设热量计量装置作为供热单位和房屋产权单位（物业公司）热费的结算工具；建筑物热力入口宜设热量总表作为房屋产权单位（物业公司）的住户结算时分摊热费的依据。热力站要保证供热计量系统的正常运行，对管网及附属设备应定期进行严格清洗，增设或完善必要的过滤除污装置等，保证监测与控制仪表运行正常。对供热质量要求较高的系统，还可以在用户引入口处安装必要的自动调节装置，改变用户系统的总阻力系数，如流量调节阀等，以保证各热用户的流量恒定，不受其他用户工况变化的影响。

三、锅炉房的节能运行

充分利用锅炉自身产生的各种余热是提高锅炉运行能效的重要措施，余热的利用主要包括以下三个方面。

（1）燃料及炉膛的余热利用。

（2）排污水的余热利用。

（3）烟气的余热利用。

利用燃气锅炉烟气余热使低温水加热，提高锅炉效率，降低排烟温度。燃气锅炉排烟温度较高，一般在150～210℃，烟气中有6%～9%的烟气显热损失和11%的潜热未被利用就被直接排放，这不仅造成大量的能源浪费，也加剧了环境的污染。利用烟气余热回收装置，使低温水吸收烟气的物理显热和汽化潜热降低排烟温度，提高锅炉效率；同时由于冷凝的作用，排入大气的有害物质CO_2和NO_x等大为减少，排烟将更加符合环保标准。采用了烟气冷凝回收技术，提高了锅炉热效率，提高了燃气热水锅炉或系统的回水温度，以及用烟气这部分热量将自来水直接加热为适宜温度的生活用热水，是非常有效的节能措施。

第二节　热水供暖系统的运行节能技术

一、分时分区分温供暖技术

根据热用户的性质不同，提供不同的负荷控制策略，使系统的供热量与热负荷相一致，实现分时、分区、分温、按需供热。

在一个供暖系统中，热用户的性质是不同的，例如，一个学校有办公楼、教学楼、宿舍楼、家属楼、图书馆、体育馆、游泳池、车库等，由于建筑物的功能不同，所需的热量不同，供暖时间也各不相同，分时、分区、分温供热技术就是对这些不同的热用户提供不同的负荷控制策略，通过分区调节，使系统的供热量与热负荷相一致，实现按需供热、按时间段供热，达到最大限度的节能。例如，教学楼和宿舍楼的供暖需求不同，白天教学楼需要高温供暖，且供暖时间要长，而宿舍楼就可以低温供暖，且供暖的时间相对要短；夜间宿舍楼需要高温供暖，而教学楼就可以低温供暖；图书馆可以按照规定的开馆时间保证适宜的室内温度，其余闭馆时间仅需要低温供暖即可；对于车库只要提供较低的供暖温度保证汽车的适应温度就可以了。这种分时、分区、分温的按需供热，既满足了不同用户的需求，又可达到十分明显的节能效果。

二、管网水力平衡调节技术

通过管网水力平衡调节，克服水力失调、冷热不均的现象，使用户的实际流量与设计要求流量相一致，达到节能目的。

热力管网在供热系统中完成热的传递，热水经过热力管网将热量传送给热用户，但是由于热用户的性质不同、需要的热量不同、距离锅炉的远近不同等因素，会造成系统中各用户的实际流量与设计要求流量之间不一致的现象，这就是水力失调。系统水力失调实质是由于系统各环路未实现阻力平衡而导致的，水力失调必然要造成热用户的冷热不均、循环泵系统的电能浪费和锅炉的燃气浪费。

要想解决上述问题，就要进行水力平衡调节，在各用户的管网上加装平衡调节阀，调节系统中各用户流量达到设计流量，消除冷热不均，实现热力平衡，满足各热用户对温度的需求。

三、热计量及远传收费系统

传统的热计量收费方式是按供暖面积，每平方米收取固定的供暖费，这种收费方式不利于用户根据自己的热需求合理地支配使用的热量，容易造成热量的浪费。采用热计量表和热分配表结合进行的热能计量才是经过国内外数十年验证的可靠的计量方法。热用户可以按消耗计费，使之更注意行为节能。具体做法是：在每一楼栋前安装热计量表，在户内每组散热器上安装热分配表，由楼表来统计总耗热量，再通过每组散热器的耗热量计量实现能耗的分摊，实现按换热量收费。

热计量及分户计费的好处：公平透明的能源费用支付方式，引起消耗行为的改变，平均降低能耗15%。确保持续性节能，使用户认识到节能潜力，减少损耗、泄露、偷盗和争议；划分固定费用和消耗费用，为房地产商提供更公平的收入；提高付费率。分户计量系统可以采用无线电远程读数，即将数据直接通过电脑传到中央处理器或其他数据管理系统中；也可以将数据直接通过数据采集器和GPRS系统传送到客户服务系统中，并可在线读数；还可以将热计量及收费系统与燃气锅炉燃烧系统连接在一起，实现综合控制，可以使流量温度与居民供暖需求相平衡，实现平均7%～10%的节能率。

四、太阳能辅助加热及纳米材料技术

太阳能技术就是利用太阳的能量和光为家庭、商业或工业提供热量、照明、热水、电以及制冷。随着能源危机和环境污染的恶化，太阳能作为节能、环保、低成本的绿色能源，已越来越多地应用到生活中。太阳能中央热水系统以太阳能为主要能源，与电能或其他能源配套使用，稳定性好、自动化程度高，无烟气排放，降低了热水成本，节省了大量燃气。高温远红外纳米涂料是一种用于锅炉的高效节能环保产品。采用特殊的工艺将远红外纳米涂料涂在炉膛的适当部位，涂料固化后形成牢固的涂层，该涂层具有较高的吸收率，并将吸收的热能转换成远红外电磁波的形式辐射，使炉膛温度提高，大大提高了锅炉的热效率，减少了热能损失，达到了节能的目的。其优点是：炉膛出口烟温和排烟温度降低，缩短升温时间，热循环性好，热效率提高；延长了锅炉使用寿命，施工简便、快捷。

五、气候补偿器

气候补偿器指安装在系统的热源或热力站位置用来自动控制出水温度的装置，该装置能够根据室外气温的变化、不同时间段的室温设定，以及回水温度等参数自动控制调节出水温度，达到调节出力的目的。

建筑物的耗热量因受室外气温、太阳辐射、风向和风速等因素的影响时刻都在变化。要保证在室外温度变化的条件下，维持室内温度符合用户要求（如18℃），就要求供暖系统的供回水温度应在整个供暖期间根据室外气候条件的变化进行调节，以使用户散热设备的放热量与用户热负荷的变化相适应，防止用户室内温度过低或过高。通过及时而有效的运行调节可以做到在保证供暖质量的前提下，达到节能的效果。随着《民用建筑节能管理规定》的发布和实施，以及供暖收费制度改革的不断深入，为适应“分户计量，分室调节”的要求，供暖系统由静态系统转变为动态系统。动态调节分为质调节与量调节，气候补偿器是供暖质调节必不可少的自控装置，主要是在集中供热系统中热源处调节二次系统供水温度的控制器。其主要原理是测量室外温度，计算出理论供水温度和回水温度，与实际的供、回水温度进行比较，从而控制电动阀的开度，使热源输出的实际供、回水温度符合理论值，保证热源输出热量等于用户实际用热量，以达到节能的目的。

六、二级泵变频技术

当热源为热水锅炉时，其热力系统应同时满足锅炉本体循环水量基本恒定的要求和热源至换热器一次管网的变流量调节要求，为实现这一目的，可采用二级泵系统等方式。热水锅炉房应利用变频调节技术实现鼓风机、引风机、燃烧系统等的节能运行。热水锅炉房热力系统设计应能适应由于行为节能引起的较大幅度的负荷变化。

二级泵系统的二级循环水泵宜设置变频调速装置，一、二级泵供回水管之间应设置连通管，单级泵系统的供回水管之间应设置压差旁通阀。热水锅炉房宜采用根据室外温度主动调节锅炉出水温度，同时根据压力/压差变化被动调节一次网水量的供热调节方式。热力站二次网调节方式应与其所服务的户内系统形式相适应：当户内系统形式均为或多为双管系统时，宜采用变流量调节方式；反之，宜采用定流量调节方式。热力站的基本调节方式宜为：由气候补偿器根据室外温度，通过调节一次水量控制二次侧供水温度，以压力/压差变化调节二次网流量。变频调速水泵的性能曲线宜为陡降型，以利于水泵调速节能。

变频调速定压点设置有以下两种方式：一是控制热力站进出口压差恒定，该方式简便易行，但流量调节幅度相对较小，节能效果较小；二是控制管网最不利环路压差恒定，该方式流量调节幅度相对较大，节能效果明显，但需要在末端热力入口设置压力传感器，随时检测、比较、控制，投资相对较高。传统室外管网的循环水泵流量是根据系统总热负荷进行计算的，其扬程根据最远、最不利换热站进行选择，安装在热源处，这样做的弊端是：锅炉或首站运行压力过高；循环水泵和锅炉均在锅炉房，一旦发生停电，后果不堪设想；极易形成水力失调现象；一次循环水泵选型过大，难以选择；输配电耗过大（30%以上消耗在阀门上，流量在初末寒期均偏大）。分布式变频二级泵系统就是在锅炉房内设置一级主循环泵，负责锅炉房内循环流量及循环动力，在各个换热站内设置配有根据室外温度进行变频调速的二级循环泵，负责各换热站循环流量及克服外线和换热站的循环阻力，并通过解耦管将锅炉房系统与换热站系统分开，使锅炉房内流量保证锅炉的最低流量，而一次网可根据室外温度的变化变流量运行。其优点是：降低了锅炉或首站运行压力；一旦发生停电，外网泵仍在运转，保证热源流量；容易解决水力失调问题；一次循环水泵选型很小，解决设计问题；减少输配电耗，消耗在阀门上的电耗减少；可以实现实时调节。

七、供暖系统运行中的排气与定压问题

热水中溶解的气体在系统的低速低压部位自动析出，积存在散热器内或系统的局部高点，补水量越大析出的气体可能就越多，影响系统的水力流动和散热。系统倒空，即室内系统的局部形成真空，使大量的气体进入系统。对于失水量比较大的供暖系统，若系统失水后不能及时补水，倒空则不可避免。系统积气的处理方法有：减少系统的跑、冒、滴、漏，控制系统失水，从而减少了系统的补水，把系统的补水率控制在2%以下，可有效减少溶解在补水中的气体析出。

对于膨胀水箱定压方式的供暖系统，一般情况下，经常出现压力波动，如系统定压正常，压力低系统则缺水；压力高，系统散热器有可能超压爆裂。当系统补水时，补水迅速进入，系统一旦充满，则补水通过膨胀管进入膨胀水箱，而膨胀水箱的管径一般较小，阻力较大，使补水泵的压力全部作用于系统，造成系统超压，而补水泵停止工作时作用在系统上的压力减小，形成压力波动。为解决系统压力波动与排气问题，由膨胀水箱定压变为补水泵定压，通过电磁阀等自控设备的控制，系统压力低时补水泵补水，达到系统的压力要求。补水泵加压力罐定压系统与膨胀水箱定压系统相比较，补水泵定压系统增加了一个电磁阀，系统形式也由开式循环变为闭式循环。

第三节　空调送风系统节能运行

一、空调系统新风免费供冷技术

天然冷源包括室外的空气、地下水、地表水等。在过渡季，当室外空气焓值低于室内焓值时，为节约能源，应充分利用室外的新风。空调系统采用全新风或增大新风比的运行方式，既可以节省空气处理所消耗的能量，又可有效地改善空调区域内的空气品质。但要实现全新风运行，必须在设备的选择、新风口和新风管的设置、新风和排风之间的相互匹配等方面进行全面考虑，以保证系统全新风和可调新风比的运行能够真正实现。

公共建筑，特别是大型公共建筑，由于其外围护结构负荷所占比例较小，因此其内外区和不同使用功能的区域之间冷热负荷需求相差较大。对于人员、设备和灯光较为密集的内区存在过渡季节或供暖季节需要供冷的情况，为了节约能源，推迟或减少人工冷源的使用时间。对于过渡季节或供暖季节局部房间需要供冷时，宜优先采用直接利用室外空气进行降温的方式。在人员密度变化较大的建筑或房间，如大型商场、医院、餐厅、展厅等，宜根据室内CO_2浓度检测值增加或减少新风量，使CO_2浓度始终维持在卫生标准规定的限值内。

二、利用排风的新风预热预冷技术

空调区域排风中所含的能量十分可观，排风热回收装置通过回收排风中的冷热量来对新风进行预处理，具有很好的节能效益和环境效益。目前常用的排风热回收装置主要有轮转式全热换热器、板式显热换热器、板翅式全热换热器、中间热媒式换热器、热管式换热器等几种。

由于使用排风热回收装置时，装置自身要消耗能量，因此应本着回收能量高于其自身消耗能量的原则进行选择计算，只有排风热回收装置回收能量高于装置自身消耗的能量时，热回收效率集中空调系统使用该装置才能实现节能。目前，新风直接送入吊顶或新风与回风混合后再进入风机盘管是风机盘管加新风系统普遍采用的设置方式。前者会导致新风的再次污染、新风利用率降低，以及不同房间和区域互相串味等问题；后者风机盘管的运行与否对新风量的变化有较大影响，也易造成浪费或新风不足，并且采用这种方式增加了风机盘管中风机的风量，不利于节能。因此应将处理后的新风直接送入空调区域。

与普通空调区域相比，餐厅、食堂和会议室等功能性用房具有冷热负荷指标高、新风量大、使用时间不连续等特点，而且在过渡季，当其他区域需要供热时，这些区域由于设备、人员和灯光的负荷较大，可能存在需要供冷的情况。因此在进行空调通风系统节能运行时，应充分考虑上述区域的使用特点，采用调节性强、运行灵活、具有排风热回收功能的系统形式，在条件允许的情况下，考虑在过渡季系统按全新风运行的可能性。

三、空调风系统风量调节技术空调风阀

自动调节风阀在通风、空调系统中可用于对风量进行控制，其应用包括在空气循环中对混合空气温度的控制和在变风量系统中对室内送风风量的控制等。采用选型适当并具有线性控制作用的风阀，将会有助于系统的正常运行，因为具备线性控制特性的风阀，其阀位在一定程度上的改变才会使风量产生比例的变化。如果控制特性是非线性的，那么给定的控制信号变化量虽然也能引起风阀位置的连续变化，但风量的变化量却不等。其结果便是控制不稳定或不精确。

全开风阀的阻力可以用系统总阻力的百分数表示。该百分数称为“阀权度”或者“特性比率”，即

$$CL = FC_S D_{J \cdot \max} C_{CL}$$

这里需要注意的是，系统的总阻力（压降）是指不包括全开风阀在内的系统的阻力（压降），“系统的总阻力（压降）”中的“系统”涉及的仅仅是安装风阀以调节风量的那部分系统，它并不是指整个系统的总压降或者风机的全静压。所选风阀系统的总压降通常指的是从系统中某一特定点的压力至大气之间的压降。在采用变风量箱的情况下，系统的总压降则是指从一次风管至房间之间的压降。这时往往会利用一个独立的控制环路来控制风机的风量，从而使一次风管内的压力保持比较稳定的状态。这样位于变风量箱内的风阀的动作便不会对干风管的风量产生明显影响，而只会影响到流经变风量箱的那部分干风管的风量。因此，对于变风量箱的阀门来说，其系统的总压降是指从一次风管到房间之间的压降。

目前工业上常用的多叶风阀一般分为以下两种。

（1）平行式多叶风阀：所有的叶片均向同一方向平行地动作。

（2）对开式多叶风阀：相邻的叶片均向相反方向动作。

对于平行式多叶风阀的特性曲线，就平行式多叶风阀而言，要想获得线性控制的最佳选择是使阀门的阀权度保持为30%～50%。对于对开式多叶风阀的特性曲线，就对开式多叶风阀而言，要想获得线性控制的最佳选择是使阀门的阀权度保持为10%～15%。

四、低温送风空调系统

（一）与冰蓄冷相结合的低温送风空调系统的特点

（1）降低系统初投资常规全空气系统中，送风温差一般控制在8～10℃；低温送风系统中，送风温差可达13～20℃，可减小送风系统的设备及风管尺寸，从而降低送风系统的初投资。例如，当送风温度为7℃左右时，与常规送风系统相比，风管尺寸减小30%～36%，空气处理设备的外形尺寸减小20%～30%，风机功率减小30%～50%。一般来说，当建筑面积大于14000m²时，采用与冰蓄冷相结合的低温送风系统，空调工程初投资会低于常规空调系统。建筑面积为3700～14000m²时，与非冰蓄冷的常规空调系统相比也具有一定的竞争力。

（2）进一步减少峰值电力需求、降低运行费用电力上的“移峰填谷”是采用蓄冷系统的主要目的。采用低温送风系统可以进一步减小蓄冷空调系统的峰值电力需求。空调系统的风机大多在电力峰值时间运行，低温送风系统减少了送风量，因此也相应地减小了峰值电功率需求。当采用相同类型的末端送风方式时，送风温度为7.2℃的低温送风系统比常规送风系统风机功率减少20%左右。对于低温送风系统来说，送风温度越低、建筑规模越大时，低温送风系统消耗的功率相对越小。

（3）节省空间、降低建筑造价低温送风系统中，由于送风量的减少，空气处理设备及风道尺寸相应减少，所占空间减小。对于新建建筑，由于送风管道尺寸减小，可使建筑物的层高降低76～152mm。建筑层高减小，可降低其造价。对某面积为18580m²的办公建筑的分析表明，采用与冰蓄冷相结合的低温送风系统比采用常规空调系统建筑造价可减少1.75%～11.6%。

（4）适用于改建工程与冰蓄冷相结合的低温送风系统。适合于既需要增加冷负荷，又受电网增容及空间限制的改建扩建工程，在这类工程中，可用冰蓄冷系统来满足增加的冷源要求，利用原有风道及风机满足增加的空调负荷。这样既节省空间，又可降低改建、扩建费用。

（二）低温送风系统的室内环境

低温送风系统一次风送风温度低，因此送风的含湿量也低。采用低温送风系统的建筑物，其室内相对湿度通常维持在30%～45%，低于常规空调系统的50%～60%。在相对湿度较低时，可以通过提高干球温度获得同样的舒适感。因此在低温送风空调系统的设计中可以将室内干球设计温度提高1～2℃，这样一方面可以防止因夏季着衣少使人产生冷感，另一方面还可以节能。实验表明，空气的露点温度降低5℃，对热感觉的影响只相当于干球温度降低0.5℃，但露点温度降低3℃与干球温度降低0.5℃可获得同样的空气新鲜感。低温送风空调系统具有较强的除湿能力，降低了室内空气的露点温度，因此可在获得同样热舒适感的情况下，增加空气的新鲜感，使人感到更舒适。实验还表明，对人体有害的耐低温细菌在低温送风系统中并未大量繁殖。另外，由于低温抑制了有害细菌的生长及凝结水量大的原因，使得低温送风系统凝结水中的毒素浓度低于常规空调系统。

（三）低温送风系统的末端送风装置

低温送风系统送风温度低，一次送风量小，在选用末端送风装置时要考虑避免以下问题：空气量不足，导致工作区空气流速过低，影响室内空气质量；防止低温空气直接进入工作区，使工作区内人员产生吹冷风感；由于送风温度通常低于周围空气的露点温度，要防止送风装置表面结露。

1.串联式混合箱

一次风与室内诱导空气混合之后再通过混合箱的风机。带风机的串联式混合箱，其风机的风量范围通常为750～4000m³/h，功率为60～560W。采用串联式混合箱有以下特点：一次风经混合后再送入室内，最终送风温度和常规系统相当；在变风量系统中，当一次风量有变化时，送入室内的空气量保持不变，房间的空气流动稳定；设计选型容易。已有的低温送风系统中大多采用串联式混合箱。

然而在串联式混合箱中，由于风机连续运行，小功率电机效率不高，其能耗较大，送风系统中串联式混合箱的总能耗在数值上甚至与一次风机能耗相当。另外，串联式混合箱运行时噪声较大，维修时必须进入顶棚内，维修费用高。

2.并联式混合箱

运用一次风不通过混合箱的风机，室内诱导空气经混合箱风机后，再与一次风混合，然后通过散流器送入室内。串联式或并联式混合箱都可加装盘管，用来冷却或加热室内诱导空气。带盘管及风机的混合箱又称为诱导式风机盘管机组。在常规变风量空调系统中，只有当一次送风量低于最小值，或冬季加热时才开启并联混合箱的风机。送风量相同时，与串联式混合箱相比，并联式电机功率要小，噪声也较小，还可根据需要开停混合箱的风机。并联式混合箱的缺点是风机仍需消耗一定能量，产生一定噪声，维修费用也较高。

3.无风机的诱导型混合箱

一次风诱导回风或房间的空气，二者混合后进入房间。不带风机的诱导型混合箱无功率消耗，其噪声小于带风机的混合箱，但需要增加一次风的送风压头。

4.低温送风散流器

用满足低温送风要求的散流器将一次风直接送入室内。一般的低温送风散流器是将温度较低的一次风沿天花板以较高的速度送出，使一次风与周围的室内空气混合加强、贴附长度增加，当空气离开天花板时已具有较高的温度，同时由于卷入的室内空气增加，也增强了室内的空气流动。比如，采用一种喷嘴型低温送风散流器，一次风送风温度为3.3～7.2℃，有平板形、孔板形及条形3种形式。其关键部件为喷射核，对于平板形、孔板形低温送风散流器来说，喷射核为方锥形，四周均布小喷口。平板型面板为平板，四周有出风槽，外形类似于矩形散流器。孔板形面板为孔板。送风时，一次风通过风管直接送入散流器喷射核，然后通过面板送出，形成贴附射流。条形散流器是将散流器喷射核沿垂直于纸面方向延伸后成型，并直接送风。散流器的风量范围为50～950m^3/h，静压损失为2～145Pa，噪声低于普通风机盘管。

低温送风散流器的特点是：能耗低、噪声小，维修费用也低。但在系统开启时要注意防止散流器表面产生凝结水。

（四）低温送风系统运行中应注意的问题

（1）防止管道及末端装置表面结露以及湿空气进入保温层；要合理选用保温材料及其厚度，严格保证施工质量；对非空调房间应用闭孔阻水的弹性双层保温材料，在接头处注意搭接；要注意严格密封所有接头处及可能渗漏的部位；为防止系统启动时管道及末端装置表面结露，可逐渐降低冷冻水的供水温度和送风温度。

（2）合理选用末端装置，避免一次送风量不足、送风温度低产生的气流组织问题。

五、高层建筑中央空调送风系统的节能运行

（一）高层建筑中央空调节能设计的原则

1.温湿度调控

在高层建筑中，中央空调送风系统的最大作用是：冬季供热，夏季制冷。它可以对空气成分进行处理，达到一定的净化效果，从而为用户营造一个温度、湿度适宜的居住环境。为了达到这一目的，设计人员应该强化高层建筑中央空调的温度和湿度控制，从节能降耗的角度对高层建筑物所处的环境进行分析，在不同的变化条件下，中央空调送风系统可以作出相应的响应，进而提高空气流通的效率。在进行中央空调送风系统节能设计之前，应该首先对高层建筑物内的温度和

湿度进行测量，并与实际状况相结合，调整理想的温湿度参数，保证在室内外温度变化时，可以利用一个调节器从中央空调空气供应系统中的一个传感器反馈的数据来调整目前的各种参数，并将最佳的数据结果传送到执行器中，由执行器来完成调节工作，从而达到对高层建筑物室内温湿度的有效调控。

2.新风系统

送风系统是高层建筑中央空调发挥作用的一个关键因素，通过新风与回风的热交换，对进入空调内部的空气进行处理，实现空气的冷却或加温，再通过送风管、空调室，实现对室内温度和湿度的调节。与此同时，为了降低在中央空调运转时产生的热量，利用压力传感器，在中央空调的内部形成一个封闭的循环，不仅可以提高空气的清新程度，还可以达到节能降耗的目的。

（二）高层建筑中央空调送风系统的现状分析

1.冷却系统操作不当

在中央空调送风系统开始的时候，要根据运行参数来调节制冷水进水压降，然而在实际工作中，一些工作人员在看到压力降比较大的时候，没有立即关掉制冷泵的阀门，而是将另一外部蒸发器的阀门打开了。这种做法尽管可以减少压力降，但也会对其冷却效率产生较大影响，也会消耗大量的电力。一些中央空调的管理人员为了方便维护设备，在使用过程中经常将尾端的风扇盘管电控阀门和盘管回风过滤器拆卸下来，这样势必会使中央空调在使用过程中产生更大的能量消耗。也有将中央空调送风系统冷却出水阀门关小的情况，其本意是降低操作的电流，但其结果非但没有降低操作的电流，反而使主机电流增大，制冷主机的冷却水量也会出现严重的短缺。

2.缺乏有效节能监控

从利益角度来看，中央空调节能的责任和建设方没有太大的关系，而大部分投资方因为自身技术水平有限，也不可能承担起中央空调节能的工作。因此，在对中央空调送风系统进行节能设计时，往往会出现不够全面、不够整体的情况。因为中央空调送风系统的建造投资巨大，并且具有不可重复的特点，所以在实际应用中，各种方案的经济性比较都是建立在理论的基础上，而不能进行实物和试验的对比。但由于中央空调的独特与复杂，使得投资者难以对其作出精确的评估，甚至在对其投资与成本进行全面的经济分析之后，也难以对其作出恰当的评估，从而导致投资者难以做出恰当的节能决策。

（三）高层建筑中央空调送风系统的节能措施

1.实施合理的保护手段

为了提高中央空调的运行质量，必须采取合理的保护和控制措施，并对诸如变频器等主要设备进行有针对性的保护。而在实际应用中，由于变频器长期工作在不同的工况下，如果变频器发生了故障，则会对整个送风系统造成直接影响。在这种情况下，应该立即关闭电源，以免造成更大的损害。另外，在非稳态运行条件下，中央空调送风系统的损坏概率也会大大增加，因此必须通过调整中央空调的切换频率来减轻送风系统的损坏，并且可以设定适当的控制，进一步提高中央空调送风系统的运转效率，使其保持着正常的速度和风量。

2.选择合适冷热源设备

在中央空调送风系统中需要安装各种终端装置，如风机盘管、新风机组和空调器。在选择不同的终端设施时，应根据设计规范的具体规定做好相应的有效参照。根据设计的冷负荷对中央空调的回路阻力损失进行了详尽的计算，并与实际相结合，进行了不同设备容量的选择。例如，对于机组而言，选择空气输送系数较高、单位功率量较高、自重较轻、空调风压与空调风扇风量相适应、没有较多的漏风量等。另外，在一个大型的中央空调系统中需要配置制冷水泵，而在水泵的选择上是决定多个水泵工作模式的关键。可以根据气候变化来决定不同的水泵数量：在天气气温较低的时候，不能启动太多的水泵；在天气气温较高的时候，应该多启动几个。相关调查资料显示，在民用建筑或大型公共建筑中，空调费用总能源中，中央空调系统消耗能源的比例大约为40%。

对于冷却水泵，采用变频技术，对冷却水泵进行改造，使其高效地运行在变流量上，或采用智能的控制方法，这样就可以有效地满足生产工艺的需要，让工作人员的工作场所更加舒适，确保中央空调送风系统的工作在最好的状态，进一步达到节约能源的目的。在设计给水系统时，必须精确地计算出与给水系统相关的回路电阻。在给水系统中，应该安装高品质的空调常用零部件，它包含各种设备，如热交换器、冷却塔、冷水机、空气处理机、锅炉等，从而可以对空调终端设备的能耗进行有效的控制，从而达到节能的目的。由于没有对空调系统和空调制冷站实施有效的智能控制，因而无法达到较好的节能效果，所以要选择性能较稳定、质量较好的自控产品，运用楼宇设备自动控制技术，对中央空调末端设备装置展开有效的控制，并对给水系统的动态变流量展开有效的控制，从而为中央空调送风系统的正常运转和高效节能提供了良好的环境。

3.对供冷进行充分利用

近年来，国外研究开发了一种新型的冷却塔制冷技术，由于其经济性能显著而引起了国内外空调制造商的重视。在我国，采用冷却塔制冷技术能够获得非常显著的节能效果，具有广阔的发展前景。与蒸发冷却空调系统相比，冷却塔供冷系统是在常规中央空调送风系统的基础上，添加了一些设备和管路。当房间内的湿球温度低于某值的时候，就应该将极冷机组关闭，将冷却塔的循环冷却水充分地使用起来，对空调系统进行间接或者直接的供冷，以保证高层建筑场所所需的冷负荷。由于在空调系统中制冷机的能耗比例较高，因此选择冷却塔供冷替代制冷机可以有效地节省运行成本。

其中，以室外风湿球温度、高层建筑物冷负荷为主要参考，可对高层建筑物的冷却塔出水温度进行有效的测定。通常情况下，空调系统的冷却水回路中，入水、出水的水温分别以7℃和12℃为主导，温差大约5℃。在低温下选择制冷水，可在夏天发挥空调除湿功能。然而在过渡季节，由于室外温度持续下降，湿负荷、冷负荷会逐渐减少，适当提高制热水温，可以满足空调的舒适性，有利于中央空调送风系统的顺利运行。

4.管理与维护节能措施

中央空调送风系统是一个复杂而又高度自动化的系统。许多已在市场上应用的中央空调，其自动控制系统仅有一种功能，那就是开机停机、转换季节运行，这势必会造成空调能耗的增大，所以必须对中央空调进行科学的管理，并制定完善的管理制度和岗位责任制，对操作者的工作内容进行规定，建立巡检制度和交接班制度，做好定期的巡视工作，并对换班情况作出规定。为了保证中央空调的正常运行和安全运行，达到节能目的，必须加强对中央空调的维护。此外，为中央空调系统中的某些重要设备提供了合理的防护措施，如变频技术。中央空调的变频器是在长时间运行的情况下，如果变频系统发生了故障，会对整个送风系统造成一定的影响，此时就要立即关闭电源。在这种情况下，如果电流不稳，也会对中央空调产生伤害，这时就必须对中央空调的开启和关闭频率进行控制，以免产生伤害。该系统可在中央空调机上安装一个控制器，对空气的流速、流量进行控制，使空调机的工作平稳，并使能耗降低到最小。

5.有效保温设备的管道

空气湿度较大、气温较高，是我国南部地区的一大特色。因此，高层建筑的中央空调系统在运转的时候，经常会产生结露的情况，还会造成各种不利的情况，比如墙面涂料脱落、天花板滴水等，这给业主和用户带来了很多不便，还会消耗太多能源。所以必须对设备进行有效隔热，按照设计要求，选择适当的隔热材料。对于损坏的保温层，需要及时进行替换。若保温效果不佳，或维护不当，将导致更多冷负荷发生损失，所提供的冷水温度升高，在处理空气过程中，空调系统有结露。因此，室内的温度就会超过舒适温度，从而影响室内的舒适度。

6.控制冷源效率的方法

在中央空调送风系统中，制冷主机、冷却水泵和冷却水塔耗电量和耗水量均较大，所以在实际工作中应定期维护制冷主机，检查和维护水塔风机，清洁冷却的水管通道，清洁水处理仪、填料和接水盘，在此基础上，提出了一种新的节能降耗方法。并且，在对中央空调的送风系统进行整体设计时，要对主机的运行参数进行科学设计，确保各个参数的数值都是准确的，从而可以将冷却水的出水温度控制在适当的范围内，达到节能的目的。另外，系统的日常维护工作也要做好，以保证系统平稳、高效地运行。在使用中央空调之前，除对水槽内的冷凝面进行清洁之外，还要对整个空调机系统进行消毒处理，并更换空调机的过滤器。另外，为保证空调机排气管路的通畅，应每两周对空调机过滤器进行一次清洁，以保证空调机排气管路的通畅，以降低由于阻塞而带来的损失。一般情况下，空调一般是一年清洗一次，不过夏天的时候，空调经常会被用到，一般每个月都会做一次清洁工作，主要的清洁工作要集中在空调散热片上，最好是用空调清洗剂来对散热片进行彻底清洁和消毒。

7.控制温度和湿度的方法

在冬季和夏季，由于中央空调消耗的能源较多，因此在冬季和夏季，其运行费用也相对较高。在这两个季节里，为了在中央空调的运转中实现节能，在确保高层建筑温、湿适宜的情况下，冬季要有针对性地降低高层建筑内空调房的湿、温、热，夏季要有针对性地增加。在相同的建筑条件下，在不同气候条件下，其室内温度的调节情况和建筑节能效率是不同的。当然，不同地区、不同建筑的节能设计要求也不一样。

第五章　集中供热系统

第一节　集中供热系统方案

一、热媒种类的确定

集中供热系统的热媒主要包括热水和蒸汽，应根据建筑物的用途、供热情况及当地气象条件等，经技术经济比较后选择确定。

（一）以热水作为热媒与蒸汽比较

以热水作为热媒与蒸汽比较，具有以下优点：

（1）热水供热系统的热能利用率高。由于在热水供热系统中没有凝结水和蒸汽泄漏，以及二次蒸汽的热损失，因而热能利用率比蒸汽供热系统高。实践证明，可节约燃料20%～40%。

（2）以水作为热媒的供暖系统，可以改变供水温度来进行供热调节（质调节），既能减少热网热损失，又能较好地满足卫生要求。

（3）热水供热系统的蓄热能力高，由于系统中水量多，水的比热大，因此，在水力工况和热力工况短时间失调时，也不会引起供暖状况的很大波动。

（4）热水供热系统可以远距离输送，供热半径大。

（二）以蒸汽作为热媒与热水比较

以蒸汽作为热媒与热水比较，具有以下优点：

（1）以蒸汽作为热媒的适用面广，能全面满足各种不同热用户的要求，特别是生产工艺用热，大多要求以蒸汽作为热媒。

（2）蒸汽供热系统中，蒸汽作为热媒，汽化替热很大，输送相同的热量，所需流量较小，所需管网的管径较小，节约初投资；同时，蒸汽凝结成水的水容量较小，输送凝结水所耗用的电能少得多。

（3）蒸汽作为热媒，由于密度小，在一些地形起伏很大的地区或高层建筑中，不会产生很大的静水压力，用户连接方式简单，运行也比较方便。

（4）蒸汽在散热器或换热设备中，由于温度和传热系数都很高，可以减少散热设备面积，降低设备投资。

在供热系统方案中，热媒参数的确定也是一个重要问题。应结合具体条件，考虑热媒、热用户两方面的特点，进行技术经济比较确定。

民用供暖热用户为主时，多采用热水作为热媒，热水又分为低温热水，即供水不超过100℃，通常供水、回水设计温度为95℃/70℃、80℃/60℃；高温热水，即给水温度高于100℃，通过供水、回水设计温度为150℃/70℃、130℃/70℃、110℃/70℃。前者多用于供热半径较小的住宅小区集中供暖热用户，后者多用于供热范围较大的供暖热用户的一级管网，以及通风空调、生活热水供应热用户。

工业区的集中供热系统，考虑到既有生产工艺热负荷，也有供暖、通风等热负荷，所以，多以蒸汽为热媒来满足生产工艺用热要求。一般来说，对以生产用热量为主，供暖用热量不大，且供暖时间又不长的工业厂区，宜采用蒸汽热媒向全厂区供热；对其室内供暖系统，可考虑采用换热设备间接热水供暖或直接利用蒸汽供暖。而对厂区供暖用热量较大、供暖时间较长的情况，宜在热源处设置换热设备或采用单独的热水供暖系统。

我国地域辽阔，各地气候条件有很大不同，即使在北方各地区，供暖季节时间差别也大，供热区域不同，具体条件有别。因此，对于集中供热系统的热源形式，热媒的选择及其参数的确定，还有热网和用户系统形式等问题，都应在合理利用能源政策和环保政策的前提下，具体问题具体分析，因地制宜地进行技术经济比较后确定。

二、热源形式的确定

集中供热系统热源形式的确定，应根据当地的发展规划以及能源利用政策、环境保护政策等诸多因素来确定。这是集中供热方案确定中的首要问题，必须慎重地、科学地把握好这一环节。

热源形式有区域锅炉房集中供热、热电厂集中供热，此外，也可以利用核能、地热、电能、工业余热作为集中供热系统的热源。以区域锅炉房为热源的供热系统，包括区域热水锅炉房供热系统、区域蒸汽锅炉房供热系统和区域蒸汽-热水锅炉房供热系统。在区域蒸汽-热水锅炉房供热系统中，锅炉房内分别装设蒸汽锅炉和热水锅炉或换热器，构成蒸汽供热、热水供热两个独立的系统。以热电厂为热源的供热系统，根据选用汽轮机组不同，又分为抽汽式、背压式及凝汽式低真空热电厂供热系统。具体选择哪种热源形式，应根据实际需要、现实条件、发展前景等多方面因素，经多方论证，进行技术经济比较后确定。

三、集中供热的基本形式

（一）区域锅炉房供热系统

以区域锅炉房（内装置热水锅炉或蒸汽锅炉）为热源的供热系统，称为区域锅炉房供热系统，包括区域热水锅炉房供热系统、区域蒸汽锅炉房供热系统。

1.区域热水锅炉房供热系统

区域热水锅炉房供热系统热源的主要设备有热水锅炉、循环水泵、补给水泵及水处理装置。供热管网是由一条供水管和一条回水管组成。热用户包括供暖系统、生活用热水供应系统等，系统中的水在锅炉中被加热到所需要的温度，以循环水泵作动力使热水沿供水管流入各用户，在各用户的热点又沿回水管返回锅炉。这样，在系统中循环流动的水是不断地在锅炉内被加热，又不断地在用户内被冷却，放出热量，以满足热用户的需要。系统在运行过程中的漏水量或被用户消耗的水量，由补给水泵把经水处理装置处理后的水从回水管补充到系统内，补充水量的多少可通过压力调节阀控制。除污器设在循环水泵吸入口侧，其作用是清除水中的污物、杂质，避免进入水泵与锅炉。

2.区域蒸汽锅炉房供热系统

区域蒸汽锅炉房供热系统热源为蒸汽锅炉，它产生的蒸汽通过蒸汽管道输送至供暖、通风、热水供应、生产等热用户。各室内用热系统的凝结水，经过疏水器和凝结水箱，再由锅炉给水泵将凝水送进锅炉重新加热。根据用热要求，也可以在锅炉房内设水加热器。用蒸汽集中加热热网循环水，向各用户供热。这是一种既能供应蒸汽，又能供应热水的区域锅炉房供热系统。

目前，对于居住小区供暖热用户为主的供热系统，多采用区域热水锅炉房供热系统，对于既有工业生产用户，又有供暖、通风、生活用热等用户的供热系统，宜采用区域蒸汽锅炉房供热系统。

（二）热电厂供热系统

以热电厂作为热源的供热系统称为热电厂供热系统。热电厂的主要设备是汽轮机，它驱动发电机产生电能，同时利用作功抽（排）汽供热。

在热电厂供热系统中，根据汽轮机的不同，可分为抽汽式、背压式和凝汽式低真空热电厂供热系统。

1.抽汽式热电厂供热系统

抽汽式热电厂供热系统蒸汽锅炉产生的高温高压蒸汽进入汽轮膨胀做功，带动发电机发出电能。该汽轮机组带有中间可调节抽汽口，故称为抽汽式，可从绝对压力为0.8～1.3MPa的抽汽口抽出蒸汽，向工业用户直接供应蒸汽；从绝对压力0.12～0.25MPa的抽汽口抽出蒸汽以加热热网循环水，通过主加热器可使水温达到95℃～118℃；如通过高峰加热器进一步加热，可使水温达到130℃～150℃或需要更高的温度以满足供暖、通风与热水供应等用户的需要。在汽轮机最后一级内做完功的乏汽排入冷凝器后形成的凝结水和水加热器内产生的凝结水，以及工业用户返回的凝结水一起，经凝结水回收装置收集后，作为锅炉给水送入锅炉。

2.背压式热电厂供热系统

背压式热电厂供热系统汽轮机最后一级排出的乏汽压力在0.1MPa（绝对）以上时，称为背压式，一般排汽压力为0.3～0.6MPa或0.8～1.3MPa，即可将该压力下的蒸汽直接供给工业用户，同时，还可以通过冷凝器加热热网循环水。

3.凝汽式低真空热电厂供热系统

当汽轮机排出的乏汽压力低于0.1MPa（绝对）时，称为凝汽式。纯凝汽式乏汽压力为6MPa，温度只有36℃，不能用于供热。若适当提高蒸汽乏汽压力达到50MPa时，其温度在80℃以上，可用以加热热网循环水，而满足供暖用户的需要。实践证明，这是一种投资少、速度快、收益大的供热方式。

四、热水供热系统

热水供热系统的供热对象多为供暖、通风和热水供应的热用户。

热水供热系统主要采用闭式系统和开式系统。热用户不从热网中取用热水，热网循环水仅作为热媒，起转移热能的作用，供给用户热量的系统称为闭式系统。热用户全部或部分地取用热网循环水，直接消耗在生产和热水供应用户上，只有部分热媒返回热源的系统称为开式系统。

（一）闭式热水供热系统

闭式热水供热系统，在热用户系统的用热设备内放出热量后，沿热网回水管返回热源。闭式系统从理论上讲流量不变，但实际上热媒在系统中循环流动时，总会有少量循环水向外泄漏，使系统流量减少。在正常情况下，一般系统的泄漏水量不应超过系统总水量的1%，泄漏的水靠热源处的补水装置补充。

闭式双管热水供热系统是应用最广泛的一种供热系统形式。

1.供暖系统与供热管网的连接方式

热用户与供热管网的连接方式可分为直接连接和间接连接。热用户直接连接在热水管网上，热用户与热水网路的水力工况直接发生联系，二者热媒温度相同的连接方式称为直接连接。外网水进入表面式水–水换热器加热用户系统的水，热用户与外网各自是独立的系统，两者温度不同，水力工况互不影响的连接方式称为间接连接。

（1）无混合装置的直接连接。当热用户与外网水力工况和温度工况一致时，采用这种连接方式。这种连接形式简单、造价低，其热力入口处应加设必要的测量、控制仪表及附件。图中旁通管的作用是户系统检修或停止使用或预热管网时，管网供水、回水可通过旁通管循环流动。不仅使网路水力工况稳定，还可以避免用户至外网间地沟内的管道冻结。用户供水管在调压板前设有除污器，以清除管内杂质和污物。供水、回水管上均设阀门，回水管设泄水阀供检修时放水。系统供水、回水管上均设置压力表和温度计，以监测压力与水温情况。

（2）设水喷射器的直接连接。外网高温水进入喷射器，由喷嘴高速喷出后，喷嘴处形成很高的流速，出口处形成低于用户回水管的压力，回水管的低温水被抽入水喷射器，与外网高温水混合，使用户入口处的供水温度低于外网温度，符合用户系统的要求。

水喷射器无活动部件，构造简单，运行可靠，网路系统的水力稳定性好。但由于水喷射器抽引回水时需消耗热量，通常要求管网供水、回水管之间要有足够的资用压差，才能保证水喷射器正常工作。

（3）设混合水泵的直接连接。当建筑物用户引入口处外网的供水、回水压差较小，不能满足水喷射器正常工作所需压差，或设集中泵站将高温水转化为低温水向建筑物供暖时，可采用设置混合水泵的直接连接方式。

混合水泵可设在建筑物入口处或集中热力站处，外网高温水与水泵加压后的用户回水混合，降低温度后送入用户供暖系统，混合水的温度和流量，可通过调节混合水泵后面的阀门或外网供水、回水管进出口处阀门进行调节。为防止混合水泵扬程高于热网供、回水管的压差，将热网回水抽入热网供水管，则在热网供水管的入口处装设止回阀。还要注意为防止突然停电停泵时发生水击现象，应在混合水泵压水管与汲水管之间连接一根旁通管，上面装设止回阀，当突然停泵时回水管压力升高，供水管压力降低，一部分回水通过旁通管流入供水管，可起泄压作用。

（4）设增压水泵的直接连接。用户供水管设增压水泵的直接连接可将热网供水压力提高到需要值后送入供暖系统。这种连接方式适用于入口处供水管提供的压力不能满足用户系统需要的场合，即供水压力低于用户系统静压或不能保证用户系统的高温水不汽化时。

用户回水管设增压水泵的连接方式适用于用户系统回水压力低于入口处热网回水压力的场合。一般当热网超负荷运行时处于网路末端的一些用户可能出现这种情况，或地势很低的用户为避免用户超压，供水管需节流降压，也会出现用户的回水压力低于管网回水管压力的情况。

（5）设水加热器的间接连接。供热管网的高温水通过设置在用户引入口或热力站的表面式水—水换热器，将热量传递给供暖用户的循环水，冷却后的回水返回热网回水管。用户循环水靠用户水泵驱动循环流动，用户循环系统内部设置膨胀水箱，先集气罐及补给水装置，形成独立系统。

间接连接方式系统造价较高，而且运行管理费用比较高，适用于局部用户系统必须和热网水力工况隔绝的情况，如供热管网在用户入口处的压力超过了散热器的承压能力；或个别高层建筑供暖系统要求压力较高，又不能普遍提高整个热水网路的压力的情况。另外，供热管网为高温热水，而用户系统是低温热水供暖的用户时，也多采用这种连接方式。

2.热水供热系统与热网的连接方式

生活热水供热系统与热网的连接根据局部热水供热系统是否直接取用热网循环水，可分为闭式系统和开式系统。

（1）闭式热水供应系统。闭式热水供应用户与热网的连接必须采用间接连接，在用户系统入口处设置水-水式加热器，分如下几种情况：

①无储水箱的连接方式。供热管网通过水-水式加热器将城市生活给水加热，冷却后的回水返回热网回水管。该系统用户供水管上应设温度调节器，控制系统供水温度不随用水量的改变而剧烈变化。这是一种最简便的连接方式，适用于一般住宅或公共建筑连接用热水且用水量较稳定的热水供应系统。

②设上部储水箱的连接方式。城市生活给水被表面式水-水加热器加热后，先送入设在用户最高处的储水箱，再通过配水管输送到各配水点。上部储水箱起着储存热水和稳定水压的作用。适用于用户需要稳压供水且用水时间较集中，用水量较大的浴室、洗衣房或工矿企业等场所。

③设容积式换热器的连接方式。容积式换热器不仅可以加热水，还可以储存一定的水量。不需要设上部储水箱，但需要较大的换热面积，适用于工业企业和小型热水供应系统。

④设下部储水箱的连接方式。该系统设有下部储水箱，热水循环管和循环水泵。当用户用水量较小时，水-水式水加热器的部分热水直接流入用户，另外的部分流入储水箱储存；当用户用水量较大，水加热器供水量不足时，储水箱内的水被城市生活给水挤出供给用户系统。装设循环水泵和循环管的目的是使热水在系统中不断流动，保证任何时间打开水龙头，流出的均是热水。

这种方式虽然复杂，造价高，但工作可靠性高，适用于对热水供应要求较高的宾馆和高级住宅。

3.闭式双级串联和混联连接的热水系统

为了充分利用系统供暖回水的热量，减少热水供应热负荷所需的网路循环水量，可采用供暖系统与热水供应系统串联或混合连接的方式。

（1）双级串联的连接方式。热水供应系统的上水首先由串联在热网路回水管上的水加热器（Ⅰ级加热器）加热，加热后的水温仍低于要求温度，水温调节器将阀门打开，进一步利用热网供水管中高温水通过第Ⅱ级加热器将水加热到所需温度，经过第Ⅱ级加热器后的网路供水进入到供暖系统中去。供水管上应安装流量调节器，控制用户系统流量，稳定供暖系统的水力工况。

（2）混联连接方式。热网供水分别进入热水供应和供暖系统的热交换器中（通常采用板式换热器）。上水同样采用两级加热，通过热水供应，热交换器的终热段，热网回水并不进入供暖系统，而是与热水供应系统的热网回水混合，进入热水供应热交换器的预热段将上水预热，上水最后通过热交换器的终热段，被加热到热水供应所需要的温度。可根据热水供应的热水温度和供暖系统保证的室温，调节各自热交换器的热网供水和上水的流量调节阀门的开启度，控制进入各热交换器的网路水流量。

双级串联式和混联连接的方式，利用供暖系统回水的部分热量预热上水，减少了网路的总设计循环水量，这两种连接方式适用于热水供应热负荷较大的城市热水供应系统上。

（二）开式热水供热系统

开式系统由于热用户直接耗用外网循环水，即使系统无泄漏，补给水量仍很大。系统补水量应为热水用户的消耗水量和系统泄漏水量之和。

在开式系统中，热网的热媒直接消耗于用户，热网与热水供应用户之间不再需要通过加热器连接，入口设备简单，节省了投资费用。但补给水量大，水处理设备与运行管理费用较高。开式热水供热系统分以下几种方式：

（1）无储水箱的连接方式。热网水直接经混合三通送入热水用户，混合水温由温度调节器控制。为防止外网供应的热水直接流入热网回水管，回水管上应设置止回阀。这种方式网路最简单，适用于外网压力任何时候都大于用户压力的情况。

（2）设上部储水箱的连接方式。网路供水和回水经混合三通送入热水用户的高位储水箱，热水再沿配水管路送到各配水点。这种方式常用于浴室、洗衣房或用水量较大的工业厂房中。

（3）与上水混合的连接方式。当热水供应用户用水量很大并且需要的水温较低时，可采用这种连接方式。混合水温同样可用温度调节器控制。为了便于调节水温，热网供水管的压力应高于城市生活给水管的压力，并在生活污水管上安装止回阀，以防止热网水流入生活给水管。

五、蒸汽供热系统

蒸汽供热系统能够向供暖、通风空调和热水供应系统提供热能，同时，还能满足各类生产工艺用热的需要。它在工业企业中得到了广泛的应用。

（一）蒸汽供热管网与热用户的连接方式

蒸汽供热管网一般采用双管制，即一根蒸汽管、一根凝结水管。有时，根据需要还可以采用三管制，即：一根管道供应生产工艺用汽和加热生活热水用汽，一根管道供给采暖、通风用汽，它们的回水共用一根凝结水管道返回热源。

蒸汽供热管网与用户的连接方式取决于外网蒸汽的参数和用户的使用要求，也分为直接连接和间接连接两大类。

（二）凝结水回收系统

蒸汽在用热设备内放热凝结后，凝结水出用热设备，经疏水器、凝结水管返回热源的管路系统及其设备组成的整个系统，称为凝结水回收系统。

凝结水水温较高（一般为80℃～100℃），同时又是良好的锅炉补水，应尽可能回收。凝结水回收率低，或回收的凝结水水质不符合要求，会使锅炉补水量增大，增加水处理设备投资和运行费用，增加燃料消耗。因此，正确设计凝结水回收系统，运行中提高凝结水回收率，保证凝结水的质量，是蒸汽供热系统设计与运行关键性技术问题。

凝结水回收系统按是否与大气相通，可以分为开式凝结水回收系统和闭式凝结水回收系统。按凝结水的流动方式不同，可分为单项流和两项流两大类。单项流又可分为满管流和非满管流两种。满管流是指凝水靠水泵动力或位能差充满整个管道截面呈有压流动的流动方式。非满管流是指凝水并不充满整个管道断面，靠管路坡度流动的流动方式。按驱使凝结水流动的动力不同，可分为重力回水和机械回水。重力回水是利用凝水位能差或管线坡度，驱使凝水满管或非满管流动的方式。机械回水是利用水泵动力驱使凝水满管有压流动。

第二节　集中供热系统的热负荷

一、集中供热系统热负荷的概算和特征

集中供热是以热水或蒸汽作为热媒，从一个或多个热源通过供热管道，向一个城镇或较大区域的各热用户供应热能的方式。集中供热系统的热用户有供暖、通风、热水供应、空气调节、生产工艺等用热系统。这些用热系统热负荷的大小及其性质是供热规划和设计的最重要的依据。

上述用热系统的热负荷，按其性质可分为两大类：

（1）季节性热负荷。供暖、通风、空气调节系统的热负荷是季节性热负荷。季节性热负荷的特点是：与室外温度、湿度、风向、风速和太阳辐射热等气候条件密切相关，其中对它的大小起决定性作用的是室外温度，因而在全年中有很大的变化。

（2）常年性热负荷。生活用热（主要指热水供应）和生产工艺系统用热属于常年性热负荷。常年性热负荷的特点是：与气候条件关系不大，而且它的用热状况在全日中变化较大。

生产工艺系统的用热量直接取决于生产状况，热水供应系统的用热量与生活水平、生活习惯及居民成分等有关。

对集中供热系统进行规划或初步设计时，往往尚未进行各类建筑物的具体设计工作，不可能提供较准确的建筑物热负荷的资料。因此，通常是采用概算指标法来确定各类热用户的热负荷。

二、供暖设计热负荷

供暖热负荷是城市集中供热系统中最主要的热负荷。它的设计热负荷占全部设计热负荷的80%～90%（不包括生产工艺用热）。供暖设计热负荷的概算，可采用体积热指标法或面积热指标法等进行计算。

（一）体积热指标法

建筑物的供暖设计热负荷，可按下式进行概算：

$$Q_h' = q_v V_w (t_n - t_w') \times 10^{-3} \quad (5-1)$$

式中：Q_h'——建筑物的供暖设计热负荷，kW；

V_w——建筑物的外围体积，m^3；

t_n——供暖室内计算温度，℃；

t_w'——供暖室外计算温度，℃；

q_v——建筑物的供暖体积热指标，W/（m^3・℃），它表示各类建筑物，在室内外温差为1℃时，每立方米建筑物外围体积的供暖热负荷。

根据供暖系统的设计热负荷所阐述的基本原理，供暖体积热指标q_v的大小，主要与建筑物的围护结构及外形有关。建筑物围护结构传热系数越大、采光率越大、外部建筑体积越小或建筑物的长宽比越大，单位体积的热损失，也即q_v值也越大。因此，从建筑物的围护结构及其外形方面考虑降低q_v值，是建筑节能的主要途径，也是降低集中供热系统的供热设计热负荷的主要途径。

各类建筑物的供暖体积热指标q_v，可通过对许多建筑物进行理论计算或对许多实测数据进行统计归纳整理得出，可见有关设计手册或当地设计单位历年积累的资料数据。

（二）面积热指标法

建筑物的供暖设计热负荷，也可按下式进行概算：

$$Q_h' = A q_h \times 10^{-3} \quad (5-2)$$

式中：Q_h'——建筑物的供暖设计热负荷，kW；

A——建筑物的建筑面积，m^2；

q_h——建筑物供暖面积热指标，W/m^2，它表示每平方米建筑面积的供暖设计热负荷。

应该说明：建筑物的供暖热负荷主要取决于通过垂直围护结构（墙、门、窗等）向外传递的热量，它与建筑物平面尺寸和层高有关，因而不是直接取决于建筑平面面积。用供暖体积热指标表征建筑物供暖热负荷的大小，物理概念清楚，但采用供暖面积热指标法，比体积热指标更易于概算，所以近年来在城市集中供热系统规划设计中，内外也多采用供暖面积热指标法进行概算。

（三）城市规划指标法

对一个城市新区供热规划设计，各类型的建筑面积尚未具体落实时，可用城市规划指标来估算整个新区的供暖设计热负荷。

根据城市规划指标，首先确定该区的居住人数，然后根据街区规划的人均建筑面积，街区住宅与公共建筑的建筑比例指标，来估算该街区的综合供暖热指标值。

三、通风空调设计热负荷

为了保证室内空气具有一定的清洁度及温湿度等要求，就要求对生产厂房、公共建筑及居住建筑进行通风或空气调节。在供暖季节中，加热从室外进入的新鲜空气所耗的热量，称为通风热负荷。通风热负荷也是季节性热负荷，但由于通风系统的使用和各班次工作情况不同，一般公共建筑和工业厂房的通风热负荷在一昼夜间波动也较大。建筑物的通风设计热负荷，可采用通风体积热指标法或百分数法进行概算。

$$Q'_v = q_v V_w (t_n - t'_{wt}) \times 10^{-3} \tag{5-3}$$

式中：Q'_v——建筑物的通风设计热负荷，kW；

V_w——建筑物的外围体积，m^3；

t_n——供暖室内计算温度，℃；

t'_{wt}——通风室外计算温度，℃；

q_v——通风的体积热指标，W/（m^3·℃），它表示建筑物在室内外温差为1℃时，每立方米建筑物外围体积的通风热负荷。

通风体积热指标q_v值，取决于建筑物的性质和外围体积。工业厂房的供暖体积热指标和通风体积热指标q_v值，可参考有关设计手册选用。对于一般的民用建筑，室外空气无组织地从门窗等缝隙进入，预热这些空气到室温所需的渗透和侵入耗热量，已计入供暖设计热负荷中，不必另行计算。

对有通风空调的民用建筑（如旅馆、体育馆等），通风设计热负荷可按该建

筑物的供暖设计热负荷的百分数进行概算，即

$$Q_v' = K_v Q_h' \tag{5-4}$$

式中：K_v——计算建筑物通风热负荷系数，一般取0.3～0.5；

其他符号同前。

第三节　供热网路水力计算

一、供热网路水力计算基本原理

供热管网水力计算的主要任务是根据热媒和允许比摩阻，选择各管段的管径，或者根据管径和允许压降，校核系统需要输送带热体的流量，或者根据流量和管径计算管路压降，为热源设计和选择循环水泵提供必要的数据。

对于热水网路，还可以根据水力计算结果、沿管线建筑物的分布情况和地形变化等绘制管网水压图，进而控制和调整供热管网的水力工况，并为确定管网与用户的连接方式提供依据。

根据流体力学的基本原理可知，水在管道内流动，必然要克服阻力产生能量损失。流体在管道内流动有两种形式的阻力和损失，即沿程阻力与沿程损失、局部阻力与局部损失。

（一）沿程压力损失的计算

沿程压力损失是由沿程阻力而引起的能量损失，而沿程阻力是流体在断面和流动方向不变的直管道中流动时产生的摩擦阻力。

单位长度沿程损失，可根据达西–维斯巴赫公式计算：

$$R = \frac{\lambda}{d} \cdot \frac{\rho V^2}{2} \tag{5-5}$$

式中：R——单位长度沿程损失，Pa/m；

d——管子内径，m；
V——流体的平均流速，m/s；
ρ——流体的密度，kg/m^3；
λ——沿程阻力系数。

（二）局部压力损失的计算

在室外管网的水力计算中，通常采用当量长度法进行计算，即将管段的局部损失折合成相当量的沿程损失。

$$l_d = \sum \xi \cdot \frac{d}{0.11(K/d)^{0.25}} \tag{5-6}$$

式中：l_d——管段局部阻力当量长度，m；
K——管道内壁面的绝对粗糙度；
$\sum \xi$——管段的总局部阻力系数；
其余符号同前。

（三）计算管段总压力损失的计算

通常把流量和管段均不变化的一段管子叫作计算管段，简称管段。每个管段的压力损失应为沿程损失与局部损失之和。即

$$\Delta P_i = Rl + Rl_d = R(l + l_d) = Rl_{zh} \tag{5-7}$$

式中：ΔP_i——计算管段总损失，Pa；
l——管段的实际长度，m；
l_{zh}——管段折算长度，m；
l_d——管段局部阻力当量长度，m；
R——单位长度沿程损失，Pa/m；
其余符号同前。

二、热水网路的水力计算

室外热水供热管网的水力计算是在确定了各用户的热负荷、热源位置及热媒参数，并且绘制出管网平面布置计算图后进行的。绘制管网平面布置图时，须标

注清楚热源与各热用户的热负荷（或流量）等参数，计算管段长度及节点编号、管道附件、补偿器以及有关设备位置等。

热水供热管网水力计算方法及步骤如下：

（一）确定各管段的设计流量

各管段的设计流量可根据管段热负荷和管网供水、回水温差来确定：

$$G = 3.6 \cdot \frac{Q}{c(t_g - t_h)} \tag{5-8}$$

式中：G——计算管段的设计流量，t/h；

Q——计算管段的热负荷，kW；

t_g、t_h——热水管网的设计供回水温度，℃；

c——水的比热容，取c=4.187kJ/（kg·℃）。

（二）确定主干线并选择管径

热水管网的水力计算应从主干线开始计算。所谓主干线，是指热水管网中允许平均比摩阻最小的管线。一般情况下，若管网中各热用户均为中、小型供暖热用户，则各用户要求的作用压差基本相同，这时从热源到最远用户的管线为主干线。

按城市热力网设计规范规定，主干线的管径宜采用经济比摩阻。经济比摩阻数宜根据工程具体条件计算确定。一般情况下，主干线经济比摩阻可采用30～70Pa/m。当管网设计温差较小或供热半径大时取较小值，反之，取较大值。

第四节　热水网路水压图与定压

一、水压图基本概念

室外供热管网是由多个用户组成的复杂管路系统，各用户之间既相互联系，又相互影响。管网上各点的压力分布是否合理直接影响系统的正常运行，水压图可以清晰地显示管网和用户各点的压力大小和分布状况，是分析研究管网压力状况的有力工具。

绘制水压图是以流体力学中的恒定流实际液体总流的能量方程——伯努力方程为理论基础的。

二、热水网路水压图

（一）水压图的组成及作用

（1）热水网路的水压图是反映热水网路上各点压力分布的几何图形，它由三部分组成：

①热水管网的平面布置简图（可用单线展开图表示），位于水压图的下部。

②热水管网沿线地形纵剖面图和用户系统高度，位于水压图的中部。

③热水管网水压曲线（包括干线与支线），位于水压图的上部。

（2）通过分析热水网路水压图，可知水压图有以下作用：

①利用水压图可以确定管网中任意一点的压头。管网中任一点的压头应等于该点测压管水头与位置高度的差。

②确定各管段的压头损失和比压降。管网中任一管段的压头损失，应为该管段起点与终点测压管水头之差。

（二）绘制水压图的技术要求

1.基本要求

绘制水压图时，室外热水网路的压力状况应满足以下基本要求：

（1）与室外热水网路直接连接的用户系统内的压力不允许超过该用户系统的承压能力。如果用户系统使用常用的柱型铸铁散热器，其承压能力一般为0.4MPa，在系统的管道、阀件和散热器中，底层散热器承受的压力最大。因此，作用在该用户系统底层散热器上的压力，无论在管网运行还是停止运行时，都不允许超过底层散热器的承压能力，一般为0.4MPa。

（2）与室外热水网路直接连接的用户系统，应保证系统始终充满水，不出现倒空现象。无论同路运行还是停止运行时，用户系统回水管出口处的压力必须高于用户系统的充水高度，以免倒空吸入空气腐蚀管道，破坏正常运行。

（3）室外高温水网路和高温水用户内，水温超过100℃的地方，热媒压力必须高于该温度下的汽化压力，而且还应留有30～50kPa的富裕值。如果高温水用户系统内最高点的水不汽化，那么其他点的水就不会汽化。

（4）室外管网任何一点的压力都至少比大气压力高出5mH_2O，以免吸入空气。

（5）在用户的引入口处，供水、回水管之间应有足够的作用压差。各用户引入口的资用压差取决于用户与外网的连接方式，应在水力计算的基础上确定各用户所需的资用压力。

2.参考数值

用户引入口的资用压差与连接方式有关，以下数值可供选用参考：

（1）与网路直接连接的供暖系统，为10～20kPa（1～2mH_2O）。

（2）与网路直接连接的暖风机供暖系统或大型的散热器供暖系统，为20～50kPa（2～5mH_2O）。

（3）与网路采用水喷射器直接连接的供暖系统，为80～120kPa（8～12mH_2O）。

（4）与网路直接连接的热计量供暖系统约为50kPa（5mH_2O）。

（5）与网路采用水-水换热器间接连接的用户系统，为30～80kPa（3～8mH_2O）。

（6）设置混合水泵的热力站，网路供水、回水管的预留资用压差值应等于热力站后二级网路及用户系统的设计压力损失值之和。

第六章　热泵技术与节能分析

第一节　热泵的基本知识

一、热泵的定义

热泵是一种利用高位能使热量从低位热源流向高位热源的节能装置。顾名思义，热泵也就是像泵那样，可以把不能直接利用的低位热能（如空气、土壤、水中所含的热能、太阳能、工业废热等）转换为可以利用的高位热能，从而达到节约部分高位能（如煤、燃气、油、电能等）的目的。

由此可见，热泵的定义涵盖了以下几点：

（1）热泵虽然需要消耗一定量的高位能，但所供给用户的热量却是消耗的高位热能与吸取的低位热能的总和。也就是说，应用热泵，用户获得的热量永远大于所消耗的高位能。因此，热泵是一种节能装置。

（2）热泵可设想为节能装置（或称“节能机械”），由动力机和工作机组成热泵机组。利用高位能来推动动力机（如汽轮机、燃气机、燃油机、电机等），然后再由动力机来驱动工作机（如制冷机、喷射器）运转，工作机像泵一样，把低位的热能输送至高品位，以向用户供热。

（3）热泵既遵循热力学第一定律，在热量传递与转换的过程中，遵循着守恒的数量关系；又遵循着热力学第二定律，热量不可能自发地、不付代价地、自动地从低温物体转移至高温物体。在热泵定义中明确指出，热泵是靠高位能拖动，迫使热量由低温物体传递给高温物体。

二、热泵机组与热泵系统

热泵机组是由动力机和工作机组成的节能机械，是热泵系统中的核心部分。而热泵系统是由热泵机组、高位能输配系统、低位能采集系统和热能分配系统组成的一种能级提升的能量利用系统。

（1）低位能采集系统一般有直接和间接系统两种。直接系统是空气、水等直接输给热泵机组的系统。间接系统是借助于水或防冻剂的水溶液通过换热器将岩土体、地下水、地表水中的热量传输出来，并输送给热泵机组的系统。通常有地埋管换热系统、地下水换热系统和地表水换热系统等。低位热源的选择与采集系统的设计对热泵机组运行特性、经济性有重要的影响。

（2）高位能输配系统是热泵系统中的重要组成部分，原则上可用各种发动机作为热泵的驱动装置。那么，对于热泵系统而言，就应有一套相应的高位能输配系统与之相配套。例如，用燃料发动机（柴油机、汽油机或燃气机等）作热泵的驱动装置，这就需要燃料储存与输配系统。用电动机作热泵的驱动装置是目前最常见的，这就需要电力输配系统。以电作为热泵的驱动能源时，我们应注意到，在发电中，相当一部分一次能在电站以废热形式损失掉了。从能量观点来看，使用燃料发动机来驱动热泵更好，燃料发动机损失的热量大部分可以输入供热系统，这样可大大提高一次能源的利用程度。

（3）热分配系统是指热泵的用热系统。热泵的应用十分广泛，可在工业中应用，也可在农业中应用，暖通空调更是热泵的理想用户。这是由于暖通空调用热品位不高，风机盘管系统要求60℃/50℃热水，地板辐射供暖系统一般要求低于50℃，甚至用30℃～40℃进水也能达到明显的供暖效果。这为使用热泵创造了提高热泵性能的条件。

三、热泵空调系统

热泵空调系统是热泵系统中应用最为广泛的一种系统。在空调工程实践中，常在空调系统的部分设备或全部设备中选用热泵装置。空调系统中选用热泵时，称其系统为热泵空调系统，或简称热泵系统。它与常规的空调系统相比，具有如下特点：

（1）热泵空调系统用能遵循了能级提升的用能原则，而避免了常规空调系统用能的单向性。所谓用能单向性，是指“热源消耗高位能（电、燃气、油、煤等）——向建筑物提供低温的热量——向环境排放废物（废热、废气、废渣等）”的用能模式。热泵空调系统用能是一种仿效自然生态过程中物质循环模式的部分热量循环使用的用能模式。

（2）热泵空调系统用大量的低温再生能替代常规空调系统中的高位能。通过热泵技术，将贮存在土壤、地下水、地表水或空气中的太阳能之类的自然能源，以及生活和生产排放出的废热，用于建筑物供暖和热水供应。

（3）常规暖通空调系统除了采用直燃机的系统外，基本上分别设置热源和冷源，而热泵空调系统是冷源与热源合二为一，用一套热泵设备实现夏季供冷、冬季供暖，冷热源一体化，节省设备投资。

（4）一般来说，热泵空调系统比常规空调系统更具有节能效果和环保效益。

四、热泵的评价

在暖通空调工程中采用热泵节能的经济性评价问题十分复杂，影响因素很多。其中，主要有负荷特性、系统特性、地区气候特点、低位热源特性、设备价格、设备使用寿命、燃料价格和电力价格等。但总的原则是围绕着“节能效果”与“经济效益”两个问题。

（一）热泵的制热性能系数

热泵将低位热源的热量品位提高，需要消耗一定的高品位能量。因此，热泵的能量消耗是一个重要的技术经济指标。常用热泵的制热性能系数来衡量热泵的能量效率。热泵的制热性能系数通常有两种：一是设计工况制热性能系数；二是季节制热性能系数。

（二）热泵能源利用系数

热泵的驱动能源有电能、柴油、汽油、燃气等。电能、柴油、汽油、燃气虽然同是能源，但其价值不一样。电能通常是由其他初级能源转变而来的，在转变过程中必然有损失。因此，对于有同样制热性能系数的热泵，若采用的驱动能源不同，则其节能意义和经济性均不相同。为此，提出用能源利用系数来评价热泵的节能效果。

第二节　热泵系统的分类

一、根据热泵在建筑物中的用途分类

通常有：

（1）仅用作供热的热泵。这种热泵只为建筑物供暖、热水供应服务。

（2）全年空调的热泵。冬季供热，夏季供冷。

（3）同时供冷与供热的热泵。

（4）热回收热泵空调。它可以用来回收建筑物的余热（内区的热负荷，南朝向房间的多余太阳辐射热等）。

二、按低位热源的种类分类

通常有：

（1）空气源的热泵系统；

（2）水源的热泵系统；

（3）土壤源的热泵系统；

（4）太阳能热源的热泵系统；

（5）废热源的热泵系统；

（6）多热源的热泵系统。

三、按驱动能源的种类分类

热泵系统常用的有：电动热泵系统，其驱动能源为电能，驱动装置为电动机；燃气热泵系统，其驱动装置是燃气发动机。

四、按低温端与高温端所使用的载热介质分类

通常分为：空气/空气热泵系统；空气/水热泵系统；水/水热泵系统；水/空气热泵系统；土壤/水热泵系统；土壤/空气热泵系统。

第三节　空气源热泵系统

一、空气源热泵及其特点

空气作为热泵的低位热源，取之不尽，用之不竭，处处都有，可以无偿地获取，而且空气源热泵的安装和使用也都比较方便。但是，空气作为热泵的低位热源也有缺点：

（1）室外空气的状态参数随地区和季节的不同而变化，这对热泵的供热能力和制热性能系数影响很大。众所周知，当室外空气的温度降低时，空气源热泵的供热量减少，而建筑物的耗热量却在增加，这造成了空气源热泵供热量与建筑物耗热量之间的供需矛盾。

（2）冬季室外温度很低时，室外换热器中工质的蒸发温度也很低。当室外换热器表面温度低于周围空气的露点温度且低于0℃时，换热器表面就会结霜。霜的形成使得换热器传热效果恶化，且增加了空气流动阻力，使得机组的供热能力降低，严重时机组会停止运行。结霜后，热泵的制热性能系数下降，机组的可靠性降低；室外换热器热阻增加；空气流动阻力增加。

（3）空气的比热容小，要获得足够的热量时，需要较大的空气量。一般来说，从空气中每吸收1kW热能，所需要的空气流量约为360m^3/h。同时，由于风机风量的增大，使空气源热泵装置的噪声也增大。

二、空气源热泵在我国应用的适应性

我国疆域辽阔，其气候涵盖了寒、温、热带。按我国《建筑气候区划标

准》（GB 5068–1993），全国分为7个一级区和20个二级区。与此相应，空气源热泵的设计与应用方式等，各地区都应有不同。

（1）Ⅲ区属于我国夏热冬冷地区的范围。夏热冬冷地区的气候特征是夏季闷热，7 月平均气温为 25℃ ~ 30℃，年日平均气温大于 25℃的日数为 40 ~ 110d；冬季湿冷，1 月平均气温为 0℃ ~ 10℃，年日平均气温小于 5℃的日数为 90 ~ 0d。气温的日较差较小，年降雨量大，日照偏小。这些地区的气候特点非常适合于应用空气源热泵。《工业建筑供暖通风与空气调节设计规范》（GB 50019–2015）中也指出，夏热冬冷地区的中、小型建筑可用空气源热泵供冷、供暖。

近年来，随着我国国民经济的发展，这些地区生产总值约占全国的48%，是经济、文化较发达的地区，同时又是我国人口密集（城乡人口约为5.5亿）的地区。在这些地区的民用建筑中，常要求夏季供冷、冬季供暖。因此，在这些地区选用空气源热泵（如热泵家用空调器、空气源热泵冷热水机组等）解决空调供冷、供暖问题是较为合适的选择。其应用越来越普遍，现已成为设计人员、业主的首选方案之一。

（2）Ⅴ区主要包括云南大部、贵州、四川西南部、西藏南部一小部分地区。这些地区1月平均气温为0℃ ~ 13℃，年日平均气温小于5℃的日数为0 ~ 90d。在这样的气候条件下，过去一般建筑物不设置供暖设备。但是，近年来随着现代化建筑的发展和向小康生活水平迈进，人们对居住和工作建筑环境的要求越来越高。因此，这些地区的现代建筑和高级公寓等建筑也开始设置供暖系统。在这种气候条件下，选用空气源热泵系统是非常合适的。

（3）传统的空气源热泵机组在室外空气温度高于–3℃的情况下，均能安全可靠地运行。因此，空气源热泵机组的应用范围早已由长江流域北扩至黄河流域，即已进入气候区划标准的Ⅱ区的部分地区内。这些地区气候特点是冬季气温较低，1月平均气温为 - 10℃ ~ 0℃，但在供暖期内气温高于–3℃的时数却占很大的比例，而气温低于–3℃的时间多出现在夜间。因此，在这些地区以白天运行为主的建筑（如办公楼、商场、银行等建筑）选用空气源热泵，其运行是可行而可靠的。另外，这些地区冬季气候干燥，最冷月室外相对湿度在45% ~ 65%。因此，选用空气源热泵其结霜现象又不太严重。

三、空气源热泵热水器

空气源热泵热水器为一种利用空气作为低温热源来制取生活热水的热泵热水器，主要由空气源热泵循环系统和蓄水箱两部分组成。空气源热泵热水器就是通过消耗少部分电能，把空气中的热量转移到水中的制取热水的设备。它的工作原理同空气源热泵（空气/水热泵）一样，不同的是：

（1）空调用的空气/水热泵供水温度（50℃～55℃）基本不变，因此，其冷凝温度也是基本不变的，可认为运行工况是稳定的。而空气源热泵热水器的供水温度是变化的，由运行开始时的20℃左右变化到蓄热水箱内水温设计值（如60℃）。因此，空气源热泵热水器在与空调用空气/水热泵相同的室外气温条件下，其冷凝温度随着运行时间的延续而不断升高，它是在一种特殊的变工况条件下运行的。

（2）空气源热泵热水器因其特殊的变工况运行条件，系统工质充注量的变化对系统的工作性能影响很大。如充注量过少，系统的加热时间过长，其能效比值小；充注量过多，蒸发、冷凝压力过高，能效比值也不高。因此，在实际运行中，系统最佳充注量应保证蒸发器出口的气体工质有1℃～2℃的过热度。

空气源热泵热水器一般均采用分体式结构，该热水器由类似空调器室外机的热泵主机和大容量承压保温水箱组成，水箱有卧式和立式之分。

空气源热泵热水器有以下几个特点：

（1）高效节能：其输出能量与输入电能之比即能效比一般在3～5之间，平均可达到3以上，而普通电热水锅炉的能效比大于0.90，燃气、燃油锅炉的能效比一般只有0.6～0.8，燃煤锅炉的能效比更低，一般只有0.3～0.7。

（2）环保无污染：该设备是通过吸收环境中的热量来制取热水，所以与传统型的煤、油、气等燃烧加热制取热水方式相比，无任何燃烧外排物，是一种低能耗的环保设备。

（3）运行安全可靠：整个系统的运行无传统热水器（燃油、燃气、燃煤）中可能存在的易燃、易爆、中毒、腐蚀、短路、触电等危险，热水通过高温冷媒与水进行热交换得到，电与水在物理上分离，是一种完全可靠的热水系统。

（4）使用寿命长，维护费用低：设备性能稳定，运行安全可靠，并可实现无人操作。

（5）适用范围广：可用于酒店、宾馆、学校、医院、游泳池、温室、洗衣店等，可单独使用，也可集中使用，不同的供热要求可选择不同的产品系列和安装设计。

（6）应考虑冬季运行时室外温度过低及结霜对机组性能的影响。

应注意，近年来国内外都在研究CO_2热泵热水器。文献表明，在蒸发温度为0℃的条件下，把水从9℃加热至60℃，CO_2热泵热水系统的能效比值可达4.3。以周围空气为热源时，全年的运行平均供热能效比值可达到4.0，与传统的电加热或燃煤锅炉相比，可以节省75%的能量。

四、空气源热泵在寒冷地区应用与发展中的关键技术

我国寒冷地区冬季气温较低，而气候干燥。供暖室外计算温度基本在－5℃～−15℃，最冷月平均室外相对湿度基本在45%～65%之间。在这些地区选用空气源热泵，其结霜现象不太严重。因此说，结霜问题不是这些地区冬季使用空气源热泵的最大障碍，但存在一些制约空气源热泵在寒冷地区应用的问题。

（一）当需要的热量比较大的时候，空气源热泵的制热量不足

建筑物的热负荷随着室外气温的降低而增加，而空气源热泵的制热量却随着室外气温的降低而减少。这是因为，空气源热泵当冷凝温度不变时（如供50℃热水不变），室外气温的降低，使其蒸发温度也降低，引起吸气比容变大。同时，由于压缩比的变大，使压缩机的容积效率降低。因此，空气源热泵在低温工况下运行时比在中温工况下运行时的制冷剂质量流量要小。此外，空气源热泵在低温工况下的单位质量供热量也变小。基于上述原因，空气源热泵在寒冷地区应用时，机组的供热量将会急剧下降。

（二）空气源热泵在寒冷地区应用的可靠性差。

空气源热泵在寒冷地区应用时可靠性差，主要体现在以下几方面：

（1）空气源热泵在保证供一定温度热水时，由于室外温度低，必然会引起压缩机压缩比变大，使空气源热泵机组无法正常运行。

（2）由于室外气温低，会引起压缩机排气温度过高，而使机组无法正常运行。

（3）会出现失油问题。引起失油问题的具体原因，一是吸气管回油困难；二是在低温工况下，使得大量的润滑油积存在气液分离器内而造成压缩机的缺油；三是润滑油在低温下黏度增加，引起启动时失油，可能会降低润滑效果。

（4）润滑油在低温下，其黏度变大，会在毛细管等节流装置里形成“腊”状膜或油“弹”，引起毛细管不畅，而影响空气源热泵的正常运行。

（5）由于蒸发温度越来越低，制冷剂质量流量也会越来越小，这样对半封闭压缩机或全封闭压缩机的电机冷却不足而出现电机过热，甚至烧毁电机。

（三）在低温环境下，空气源热泵的能效比会急速下降

当供水温度为45℃和50℃，室外气温降至0℃以下时，常规的空气源热泵机组的制热能效比已经降到很低。如室外气温为-5℃，供50℃热水时，实验样机空气源热泵的能效比已降低至1.5。

为解决上述问题，提出了双级耦合热泵系统。用空气源热泵冷热水机组制备10℃～20℃的低温水，通过水环路送至室内各个水/空气热泵机组中，水/空气热泵再从水中吸取热量，直接加热室内空气，以达到供暖的目的。为了提高该系统的节能和环保效益，又提出单、双级混合式热泵供暖系统。该系统克服了双级耦合热泵系统在整个供暖期内，不管室外气温多高，都按双级运行的问题。在供暖期内，只有室外气温低，无法单级运行时，再按双级运行。系统的主要特点有：

（1）与传统的供暖模式相比，它是一种仿效自然生态过程物质循环模式的部分热量循环的供暖模式。传统的供暖模式是一种“热源消耗高位能、向建筑物室内提供低温的热量、向环境排放废物（如废热、废气、废渣等）”的单向性的供暖模式。随着人们生活水平的提高，人们对居住供暖的要求越来越高，使建筑物能耗急剧增长，也越来越严重地造成了对环境的污染。因此，人们开始认识到现有的这种单向性的供暖模式在21世纪已无法持续下去，而应当研究替代它的新系统。

（2）建筑热损失散失到室外大气中，又作为空气源热泵的低温热源使用了。这样，可以使建筑供暖节约部分高位能，同时也不会使城市中的室外大气温度降低得比市郊区的温度还低，从而减轻建筑物排热对环境的影响。

（3）系统通过一个水循环系统将两套单级压缩热泵系统有机耦合在一起，构成一个新型的双级耦合热泵系统。通常可由空气/水热泵＋水/空气热泵或空气/

水热泵＋水/水热泵组成。若前者系统中水/空气热泵还兼有回收建筑物内余热的作用时，又可将前者称为双级耦合水环热泵空调系统。

（4）水/空气热泵直接加热室内空气与水/水热泵间接加热室内空气相比，可以减少热量在输送与转换过程中的损失。同时，还可以省掉用户的供暖设备（如风机盘管或地板辐射供暖等）。

另外，还可从热泵机组的部件与循环上，采取改善空气源热泵低温运行特性的技术措施和适用于寒冷气候的热泵循环。如：加大室外换热器面积，加大压缩机容量（多机并联、变频技术等）及喷液旁通循环、准二级压缩空气源热泵循环、两级压缩循环等。

第四节　地源热泵空调系统

地源热泵空调系统是一种通过输入少量的高位能，实现从浅层地能（土壤热能、地下水或地表水中的低位热能）向高位热能转移的空调系统，它包括了使用土壤、地下水和地表水作为低位热源（或热汇）的热泵空调系统，即：以土壤为热源和热汇的热泵系统称为土壤耦合热泵系统，也称地下埋管换热器地源热泵系统；以地下水为热源和热汇的热泵系统称为地下水热泵系统；以地表水为热源和热汇的热泵系统称为地表水热泵系统。

一、地表水源热泵的特点

（1）地表水的温度变化比地下水的水温、大地埋管换热器出水水温的变化大，其变化主要体现在：

①地表水的水温随着全年各个季度的不同而变化。

②地表水的水温随着湖泊、池塘水的深度不同而变化。

因此，地表水源热泵的一些特点与空气源热泵相似。例如，冬季要求热负荷最大时，对应的蒸发温度最低；而夏季要求供冷负荷最大时，对应的冷凝温度最高。又如，地表水源热泵空调系统也应设置辅助热源（燃气锅炉、燃油锅炉等）。

（2）地表水是一种很容易采用的低位能源。因此，对于同一栋建筑物，选用开式地表水热泵空调系统的费用是地源热泵空调系统中最低的。而选用闭式地表水源热泵空调系统也比大地耦合热泵空调系统费用低。

（3）闭式地表水源热泵系统相对于开式地表水热泵系统，具有如下特点：

①闭式环路内的循环介质（水或添加防冻剂的水溶液）清洁，避免了系统内的堵塞现象。

②闭式环路系统中的循环水泵只需克服系统的流动阻力。

③由于闭式环路内的循环介质与地表水之间换热的要求，循环介质的温度一般要比地表水的水温度低2℃～7℃，由此将会引起水源热泵机组的性能降低。

（4）要注意和防止地表水源热泵系统的腐蚀、生长藻类等问题，以避免频繁清洗而造成系统运行的中断和较高的清洗费用。

（5）地表水源热泵系统的性能系数较高。

（6）冬季地表水的温度会显著下降，因此，地表水源热泵系统在冬季可考虑能增加地表水的水量。

（7）出于生物学方面的原因，常要求地表水源热泵的排水温度不低于2℃。但湖沼生物学家认为，水温对河流的生态影响比光线和含氧量的影响要小。不管如何，热泵长期不停地从河水或湖水中采热，对湖泊或河流的生态有何影响，仍是值得我们进一步在运行中注意与研究的问题。

二、地下水源热泵系统的特点

（一）传统的供暖（冷）方式及空气源热泵相比

近年来，地下水源热泵系统在我国北方一些地区，如山东、河南、辽宁、黑龙江、北京、河北等地，得到了广泛的应用。它相对于传统的供暖（冷）方式及空气源热泵，具有如下的特点：

（1）地下水源热泵具有较好的节能性。地下水的温度相当稳定，一般比当地全年平均气温高1℃～2℃。冬暖夏凉，使机组的供热季节性能系数和能效比高。同时，温度较低的地下水可直接用于空气处理设备中，对空气进行冷却除湿处理而节省冷量。相对于空气源热泵系统，能够节约23%～44%的能量。我国地下水源热泵的制热性能系数可达3.5～4.4，比空气源热泵的制热性能系数要高40%。

（2）地下水源热泵具有显著的环保效益。目前，地下水源热泵的驱动能源是电，电能是一种清洁能源。因此，在地下水源热泵应用场合无污染。只是在发电时，消耗一次能源而导致电厂附近的污染和二氧化碳温室气体的排放。但是，由于地下水源热泵的节能性，也使电厂附近的污染减弱。

（3）地下水源热泵具有良好的经济性。美国127个地源热泵的实测表明，地源热泵相对于传统供暖、空调方式，运行费用节约18%～54%。一般来说，浅井（60m）的地下水源热泵，不论容量大小，它都是经济的；而安装容量大于528kW时，井深在180～240m范围时，地下水源热泵也是经济的。这也是大型地下水源热泵应用较多的原因。地下水源热泵的维护费用虽然高于大地耦合热泵，但与传统的冷水机组加燃气锅炉相比还是低的。根据北京市统计局信息咨询中心对采用地下水源热泵技术的11个项目的冬季运行分析报告，在供暖的同时，还供冷，供热水、新风的情况下，单位面积费用支出9.48～28.85元不等，63%的项目低于燃煤集中供热的供暖价格，全部被调查项目均低于燃油、燃气和电锅炉供暖价格。据初步计算，使用地下水源热泵技术，投资增量回收期为4～10年。

（4）地下水源热泵能够减少高峰需电量，这对于减少峰谷差有积极意义。当室外气温处于极端状态时，用户对能源的需求量也处于高峰期，而此时空气源热泵、地表水源热泵的效率最低。地下水源热泵却不受室外气温的影响。因此，在室外气温最低时，地下水源热泵能减少高峰需电量。

（5）回灌是地下水源热泵的关键技术。在面临地下水资源严重短缺的今天，如果地下水源热泵的回灌技术有问题，不能将100%的井水回灌到含水层内，将带来一系列的生态环境问题，如地下水位下降、含水层疏干、地面下沉、河道断流等，会使已不乐观的地下水资源状况雪上加霜。为此，地下水源热泵系统必须具备可靠的回灌措施，保证地下水能100%地回灌到同一含水层内。

（二）与传统的地下水源热泵相比

目前，国内地下水源热泵系统有两种类型：同井回灌系统和异井回灌系统。同井回灌系统是2001年国内提出的一种具有自主知识产权的新技术。它与传统的地下水源热泵相比，具有如下特点：

（1）在相同供热量情况下，虽然所需的井水量相同，但水井数量至少减少一半，故所占场地更少，节省初投资。

（2）采用压力回水改善回灌条件。同井回灌系统采取井中加装隔板的技术措施来提高回灌压力，即使两个区（抽水区和回灌区）之间的压差大约是0.1MPa，也可以使回灌水通畅地返回地下。

（3）同井回灌热泵系统不仅采集了地下水中的热能，还采集了含水层固体骨架、相邻的顶、底板岩土层中的热量和土壤的季节蓄能。

（4）同井回灌热泵系统也存在热贯通的可能性。在同一含水层中的同井回灌地下水源热泵的回水，一部分经过渗透进入抽水部分是不可避免的，但这种掺混的程度与含水层参数、井结构参数和设计运行工况等有关。

三、土壤耦合热泵系统的特点

（一）优点

与空气源热泵相比，土壤耦合热泵系统具有如下优点：

（1）土壤温度全年波动较小且数值相对稳定，热泵机组的季节性能系数具有恒温热源热泵的特性，这种温度特性使土壤耦合热泵比传统的空调运行效率要高40%～60%，节能效果明显。

（2）土壤具有良好的蓄热性能，冬、夏季从土壤中取出（或放入）的能量可以分别在夏、冬季得到自然补偿。

（3）室外气温处于极端状态时，用户对能源的需求量一般也处于高峰期，由于土壤温度相对地面空气温度的延迟和衰减效应，和空气源热泵相比，它可以提供较低的冷凝温度和较高的蒸发温度，从而在耗电相同的条件下，可以提高夏季的供冷量和冬季的供热量。

（4）地下埋管换热器无须除霜，没有结霜与融霜的能耗损失，节省了空气源热泵的结霜、融霜所消耗的3%～30%的能耗。

（5）地下埋管换热器在地下吸热与放热，减少了空调系统对地面空气的热、噪声污染。同时，与空气源热泵相比，相对减少了40%以上的污染物排放量。与电供暖相比，相对减少了70%以上的污染物排放量。

（6）运行费用低。据世界环境保护组织EPA估计，设计安装良好的土壤耦合热泵系统平均可以节约用户30%～40%的供热制冷空调的运行费用。

（二）缺点

从目前国内外对土壤耦合热泵的研究及实际使用情况来看，土壤耦合热泵系统也存在一些缺点，主要有：

（1）地下埋管换热器的供热性能受土壤性质影响较大，长期连续运行时，热泵的冷凝温度或蒸发温度受土壤温度变化的影响而发生波动。

（2）土壤的导热系数小而使埋管换热器的持续吸热率仅为20～40W/m，一般吸热率为25W/m左右。因此，当换热量较大时，埋管换热器的占地面积较大。

（3）地下埋管换热器的换热性能受土壤热物性参数的影响较大。计算表明，传递相同的热量所需传热管管长在潮湿土壤中为干燥土壤中的1/3，在胶状土中仅为它的1/10。

（4）初投资较高，仅地下埋管换热器的投资占系统投资的20%～30%。

第五节　污水源热泵系统

污水源热泵是水源热泵的一种。众所周知，水源热泵的优点是水的热容量大，设备传热性能好，所以换热设备较紧凑；水温的变化较室外空气温度的变化要小，因而污水源热泵的运行工况比空气源热泵的运行工况要稳定。处理后的污水是一种优良的引人注目的低温余热源，是水/水热泵或水/空气热泵的理想低温热源。

一、污水源热泵的形式

污水源热泵形式繁多，根据热泵是否直接从污水中取热量，可分为直接式和间接式两种。所谓间接式污水源热泵，是指热泵低位热源环路与污水热量抽取环路之间设有中间换热器或热泵低位热源环路通过水/污水浸没式换热器在污水池中直接吸取污水中的热量。而直接式污水源是城市污水可以直接通过热泵或热泵的蒸发器直接设置在污水池中，通过制冷剂气化吸取污水中的热量。二者相比，各具有以下特点：

（1）间接式污水源热泵相对于直接式运行条件要好，一般来说没有堵塞、腐蚀、繁殖微生物的可能性，但中间水/污水换热器应具有防堵塞、防腐蚀、防繁殖微生物等功能。

（2）间接式污水源热泵相对于直接式而言，系统复杂且设备（换热器、水泵等）多，因此，间接式系统的造价要高于直接式系统。

（3）在同样的污水温度条件下，直接式污水源热泵的蒸发温度要比间接式高2℃～3℃，因此在供热能力相同的情况下，直接式污水源热泵要比间接式节能7%左右。

另外，要针对污水水质的特点，设计和优化污水源热泵的污水/制冷剂换热器的构造，其换热器应具有防堵塞、防腐蚀、防繁殖微生物等功能，通常采用水平管（或板式）淋激式、浸没式换热器、污水干管组合式换热器。由于换热设备的不同，可组合成多种污水源热泵形式。

二、污水的特殊性及对污水源热泵的影响

城市污水由生活污水和工业废水组成，它的成分是极其复杂的。生活污水是城市居民日常生活中产生的污水，常含有较高的有机物（如淀粉、蛋白质、油质等）、大量柔性纤维状杂物与发絮、柔性漂浮物和微尺度悬浮物等。一般来说，生活污水的水质很差，污水中大小尺度的悬浮物和溶解性化合物等污物的含量达到1%以上。工业废水是各工厂企业生产工艺过程中产生的废水，由于生产企业（如药厂、化工厂、印刷厂、啤酒厂等）的不同，其生产过程产生的废水水质也各不相同。一般来说，工业废水中含有金属及无机化合物、油类、有机污染物等成分，同时工业废水的pH偏离7，具有一定的酸碱度。正因为污水的这些特殊问题，常使污水源热泵出现下列问题：

（1）污水流经管道和设备（换热设备、水泵等）时，在换热表面上易发生积垢、微生物贴附生长形成生物膜、污水中油贴附在换热面上形成油膜、漂浮物和悬浮固形物等堵塞管道和设备的入口。其最终的结果是出现污水的流动阻塞和由于热阻的增加恶化传热过程。

（2）污水引起管道和设备的腐蚀问题，尤其是污水中的硫化氢使管道和设

备腐蚀生锈。

（3）由于污水流动阻塞使换热设备流动阻力不断增大，引起污水量的不断减少，同时传热热阻的不断增大又引起传热系数的不断减小。基于此，污水源热泵运行稳定性差，其供热量随运行时间延长而衰减。

（4）由于污水的流动阻塞和换热量的衰减，使污水源热泵的运行管理和维修工作量大。例如，为了改善污水源热泵运行特性，换热面需要每日3～6次水力冲洗。有文献指出，污水流动过程中流量呈周期性变化，周期为一个月，周期末对污水换热器进行高压反冲洗。也就是说，每月需对换热器进行一次高压反冲洗。

三、污水源热泵站

污水水质的优劣是污水源热泵供暖系统成功与否的关键，因此要了解和掌握污水水质，应对污水作水质分析，以判断污水是否可作为低温热源。原生污水中的悬浮物、油脂类、硫化氢等为处理后污水的十倍乃至几十倍，因此，国外一些污水源热泵常选用城市污水处理厂处理后的污水或城市中水设备制备的中水作为它的热源与热汇。而城市污水处理厂通常远离城市市区，这意味着热源与热汇远离热用户。因此，为了提高系统的经济性，常在远离市区的污水处理厂附近建立大型污水源热泵站。所谓热泵站，是指将大型热泵机组（单机容量在几兆瓦到30MW）集中布置在同一机房内，制备的热水通过城市管网向用户供热的热力站。

四、城市原生污水水源热泵设计中应注意的问题

城市污水干渠（污水干管）通常是通过整个市区，如果直接利用城市污水干渠中的原生污水作为污水源热泵的低温热源，这样虽然靠近热用户，节省输送热量的耗散，从而提高其系统的经济性，但应注意以下几个问题：

（1）取水设施中应设置适当的水处理装置。

（2）应注意利用城市原生污水余热对后续水处理工艺的影响。若原生污水水温降低过大，将会影响市政曝气站的正常运行。由于污水处理要依靠污水具有一定的热量，若普遍利用这一热源，意味着污水处理工程中要外加热量。

（3）有文献指出，由初步的工程实测数据可知，清水与污水在同样的流

速、管径条件下，污水流动阻力为清水的2～4倍。因此，在设计中对这点应充分注意到，要适当加大污水泵的扬程，采取技术措施适当减少污水流动阻力损失。

五、防堵塞与防腐蚀的技术措施

防堵塞与防腐蚀问题是污水源热泵空调系统设计、安装和运行中重要的关键问题。其问题解决得好与坏，是污水源热泵空调系统成功与否的关键，通常采用的技术措施归纳为：

（1）由于二级出水和中水水质较好，在可能的条件下，宜选用二级出水或中水作污水源热泵的热源和热汇。

（2）在设计中，宜选用便于清污物的淋激式蒸发器和浸没式蒸发器，污水/水换热器宜采用浸没式换热器。经验表明，淋激式蒸发器的布水器出口容易被污水中较大的颗粒堵塞，故设计中对布水器要做精心设计。

（3）在原生污水源热泵系统中要采取防堵塞的技术措施，通常采用：

①在污水进入换热器之前，系统中应设有能自动工作的筛滤器，去除污水中的浮游性物质。目前常用的筛滤器有自动筛滤器、转动滚筒式筛滤器等。

②在系统的换热器中设置自动清洗装置，去除因溶解于污水中的各种污染物而沉积在管道内壁的污垢。目前常用胶球型自动清洗装置、钢刷型自动清洗装置等。

③设有加热清洁系统，用外部热源制备热水来加热换热管，去除换热管内壁污物，其效果十分显著。

（4）在污水源热泵空调系统中，易造成腐蚀的设备主要是换热设备。目前，污水源热泵空调系统中的换热管有铜质材质传热管、钛质传热管、镀铝管材传热管和铝塑管传热管等。日本曾对铜、铜镍合金和钛等几种材质分别作污水浸泡试验，试验表明：以保留原有管壁厚度1/3作为使用寿命时，铜镍合金可使用3年，铜则只能使用1年半，而钛则无任何腐蚀。因此，原生污水源热泵宜选用钛质换热器和铝塑传热管。

（5）加强日常功能运行的维护保养工作是不可忽视的防堵塞、防腐蚀的措施。

第六节　水环热泵空调系统

所谓水环热泵空调系统，是指小型的水/空气热泵机组的一种应用方式，即用水环路将小型的水/空气热泵机组并联在一起，构成一个以回收建筑物内部余热为主要特点的热泵供暖、供冷的空调系统。

一、水环热泵空调系统的组成

水环热泵空调系统由四部分组成：（1）室内水源热泵机组（水/空气热泵机组）；（2）水循环环路；（3）辅助设备（冷却塔、加热设备、蓄热装置等）；（4）新风与排风系统。

二、水环热泵空调系统的运行特点

根据空调场所的需要，水环热泵可能按供热工况运行，也可能按供冷工况运行。

（1）夏季，各热泵机组都处于制冷工况，向环路中释放热量，冷却塔全部运行，将冷凝热量释放到大气中，使水温下降到35℃以下。

（2）大部分热泵机组制冷，使循环水温度上升，达到32℃时，部分循环水流经冷却塔。

（3）在一些大型建筑中，建筑内区往往有全年性冷负荷。因此，在过渡季，甚至冬季，当周边区的热负荷与内区的冷负荷比例适当时，排入水环路中的热量与从环路中提取的热量相当，水温维持在13℃～35℃范围内，冷却塔和辅助加热装置停止运行。由于从内区向周边区转移的热量不可能每时每刻都平衡，因此，系统中还设有蓄热容器，暂存多余的热量。

（4）大部分机组制热，循环水温度下降，达到13℃时，投入部分辅助加热器。

（5）在冬季，可能所有的水环热泵机组均处于制热工况，从环路循环水中吸取热量，这时，全部辅助加热器投入运行，使循环水水温不低于13℃。

三、水环热泵空调系统的特点

（1）水环热泵空调系统具有回收建筑内余热的特有功能。对于有余热，大部分时间有同时供热与供冷要求的场合，采用水环热泵空调系统将会把能量从有余热的地方（如建筑物内区、朝南房间等）转移到需要热量的地方（如建筑物周边区、朝北的房间等），实现了建筑物内部的热回收，以节约能源。这就相应地也带来了环保效益，不像传统供暖系统会对环境产生严重的污染。因此，水环热泵空调系统是一种具有节能和环保意义的空调系统形式。这一特点正是推出该系统的初衷，也是该特点使得水环热泵空调系统得到推广与应用。

（2）水环热泵空调系统具有灵活性。随着建筑环境要求的不断提高和建筑功能的日益复杂，对空调系统的灵活性和性能的要求越来越高。水环热泵空调系统是一种灵活多变的空调系统，因此，它深受业主欢迎，在我国的空调领域将会得到广泛的应用与发展。其灵活性主要表现在：

①室内水/空气热泵机组独立运行的灵活性。

②系统的灵活扩展能力。

③系统布置紧凑、简洁灵活。

④运行管理的方便与灵活性。

⑤调节的灵活性。

（3）水环热泵空调系统虽然水环路是双管系统，但与四管制风机盘管系统一样，可达到同时供冷、供热的效果。

（4）设计简单、安装方便。水环热泵空调系统的组成简单，仅有水/空气热泵机组、水环路和少量的风管系统，没有制冷机房和复杂的冷冻水等系统，大大简化了设计，只要布置好水/空气热泵机组和计算水环路系统即可，设计周期短（一般只有常规空调系统的一半）。而且水/空气热泵机组可在工厂里组装，现场没有制冷剂管路的安装，减小了工地的安装工作量，项目完工快。

（5）小型的水/空气热泵机组的性能系数不如大型的冷水机组，一般来说，小型的水/空气热泵机组制冷能效比在2.76～4.16之间，供热性能系数在3.3～5.0之间。而螺杆式冷水机组制冷性能系数一般为4.88～5.25，有的可高达5.45～5.74。离心式冷水机组一般为5.00～5.88，有的可高达6.76。

（6）由于水环热泵空调系统采用单元式水/空气热泵机组，小型制冷压缩机设置在室内（除屋顶机组外），其噪声一般来说会高于风机盘管机组。

第七节　热泵节能技术的分类及特点

一、热泵节能技术分类

（一）分类方法

目前工程界对热泵系统的称呼尚未形成规范统一的术语，热泵的分类方法也各不相同。例如，有的国外文献把热泵按低温热源所处的几何空间分为大气源热泵和地源热泵两大类。地源热泵又进一步分为地表水热泵、地下水热泵和地下耦合热泵。国内文献则把地源热泵系统分为三类，分别称为地表水地源热泵系统、地下水地源热泵系统和地埋管地源热泵系统。如果按工作原理对热泵分类可以分为机械压缩式热泵、吸收式热泵、热电式热泵和化学热泵。如果按驱动能源的种类对热泵分类又可以分为电动热泵、燃气热泵和蒸气热泵。由此看来，分类方法不相同，对热泵的称呼会有差异。

在暖通空调专业范畴内，当对热泵机组分类时，常按热泵机组换热器所接触的载热介质分类；当对热泵系统分类时，常按低位热源分类。

（二）按热泵机组换热器所接触的载热介质分类

1.空气–空气热泵

这种单元式热泵被极广泛地用于住宅和商业建筑中。在这种热泵中，流经室外、室内换热器的介质均为空气，可通过电动或手动操作的四通换向阀来进行换热器功能的切换，以使房间获得热量或冷量。在制热循环时，室外空气流过蒸发器而室内空气流过冷凝器；在制冷循环时，室外空气流过冷凝器而室内空气流过蒸发器。

2.空气–水热泵

这是热泵型冷水机组的常见形式，制热与制冷功能的切换是通过换向阀改变热泵工质的流向来实现的。与空气–空气热泵的区别在于有一个换热器是工质–水换热器。冬季按制热循环运行时，工质–水换热器是冷凝器为空调系统提供热水作为热源；夏季按制冷循环运行时，工质–水换热器是蒸发器为空调系统提供冷水作为冷源。

3.水–空气热泵

这类热泵流经室内换热器的介质为空气，流经另一个换热器的介质为水。根据水的来源有以下几种情况：

（1）地下水。如井水、泉水、来自大地耦合式换热器的水。

（2）地表水。如湖水、池水、河水、海水。

（3）内部热水。如现代建筑中空调水环回路产生的内部热水、卫生或洗衣废热水。

（4）太阳能热水。如太阳能集热器的热水。

4.水–水热泵

这种热泵采用的换热器均是工质–水换热器。制热或制冷运行方式的切换可用换向阀改变热泵机组的工质回路来实现，也可以通过改变进出热泵机组蒸发器和冷凝器的水回路来完成。

5.土壤–水热泵

这种热泵采用了一个埋于地下的盘管换热器和一个工质–水换热器。制热或制冷运行方式的切换可用换向阀改变热泵机组的工质回路来实现。

6.土壤–空气热泵

这种热泵与土壤–水热泵的区别在于室内的换热器是工质–空气换热器。制热或制冷运行的切换可用换向阀改变热泵机组工质回路来实现。

（三）按低位热源分类

1.空气源热泵系统

当把空气–空气热泵机组或者空气–水热泵机组应用于空调系统中时，就形成了空气源热泵系统。习惯上常见的“空气源热泵”一词可以理解为空气源热泵系统的简称。工程中一般是把空气–水热泵机组置于建筑物楼顶。冬季工况热泵机组提供45～55℃的热水，夏季工况热泵机组提供7℃的冷冻水。

2.水源热泵系统

冬季运行时，水泵将湖水或海水压送到蒸发器，被吸取热量的湖水或海水经阀门排回低温热源；从空调用户处来的循环水在冷凝器中被加热到45～50℃，再经阀门送到空调用户中。夏季制冷运行时，湖水或海水成为机组的排热源，从空调用户处来的循环水在蒸发器内被制取7℃左右的冷水供空调用户使用。

3.土壤源热泵系统

土壤源热泵系统主要由三部分组成：室外地热能交换器、水–空气热泵机组或水－水热泵机组、建筑物内空调末端设备。一般情况下，室外地热能交换器采用土壤－水地埋管换热器，所以土壤源热泵系统也称地耦合地源热泵系统。在冬季，水–空气热泵机组制热运行。水或防冻水溶液通过地埋管换热器从土壤中吸收热量后，在循环水泵的作用下流经水－空气热泵机组的蒸发器（冷热源侧换热器），并将热量传递给热泵机组的工质。在冷凝器（负荷侧换热器）中，从土壤源吸收的热量连同压缩机消耗的功所转化的热量一起供给室内空气。在夏季，换向阀换向，水–空气热泵机组制冷运行，水源热泵机组中的工质在蒸发器（负荷侧换热器）中吸收来自空调房间的热量。在冷凝器（冷热源侧换热器）中，从蒸发器中吸收的热量连同压缩机消耗的功所转化的热量一起排给地埋管换热器中的水或防冻水溶液。水或防冻水溶液再通过地埋管换热器向土壤排放热量。

4.太阳能热泵系统

根据太阳能集热器与热泵的组合形式，太阳能热泵系统可分为直膨式太阳能热泵和非直膨式太阳能热泵两种系统。在直膨式太阳能热泵系统中，太阳能集热器与热泵蒸发器合二为一，即制冷工质直接在集热器中吸收太阳辐射能而得到蒸发。非直膨式太阳能热泵系统的太阳能集热器与热泵机组的蒸发器分立，通过集热介质（一般采用水、防冻溶液等）在集热器中吸收太阳辐射能，并在蒸发器中将热量传递给水–水热泵机组。

二、热泵节能技术特点

（一）热泵技术的优点

1.节能环保

热泵技术是一种高效、节能、环保的能源利用技术。它不需要燃烧任何燃料，只需要从自然界中吸收热量，通过制冷剂的循环运动来进行加热或制冷，因此热泵技术不会产生二氧化碳等有害物质，对环境影响很小。此外，根据实验结果显示，热泵系统使用的总能量可以达到传统加热系统的1/3到1/4，极大地降低了能源的消耗。

2.多功能性

热泵技术除了可以进行冷热转换，还可以与其他能源利用技术进行协同，如太阳能、地源热泵、空气污染物处理等，提高了在不同场景下的适用性，具有极大的应用前景。

3.简便易用

热泵技术在使用方面也非常便捷。该系统可以实现自动化的控制，无须人工干预，节省了人工成本，提高了使用的安全性和可靠性。

（二）热泵技术的缺点

1.初始成本高

尽管热泵技术在使用过程中能够节省能源、降低使用费用，但是该技术的初始投入较高，一般需要在安装热泵系统之前对房屋进行一定的改造，增加一些专业设备的投入。此外，热泵的维护和保养也需要专业人员，需要定时对热泵进行维修和检测。

2.能效比受影响

热泵技术的能效比也存在一定的问题。例如，在极端气温下的情况下，系统需要消耗更多的热量去进行加热，从而增加了能源消耗，对于这种情况，一些用户可能会选择其他加热方式。

3.噪声问题

热泵技术在使用过程中会产生一定的噪声，尤其是在室外机器工作时，对于一些噪声敏感的用户可能会产生不适。

第八节　热泵节能技术

一、热泵的工作原理

热泵是一种能源利用设备，它通过热循环将热能从低温物体传递到高温物体，而以部分能量（如机械能、电能）为代价和高温热能。它的原理与冰箱的原理完全相同：它使用低沸点工作流体（如氟利昂）来通过蝶阀降低压力，在蒸发器中蒸发，吸收物体的热量低温，然后压缩工作流体蒸汽达到其温度。随着压力增加，热量通过冷凝器释放而变成液体，如此循环进行，将热能从低温物体传递到高温物体。像冷却装置一样，热泵也使用反向循环，但其目的不是冷却而是加热，也就是说，工作温度范围不同于冰箱的工作温度范围。

二、热泵的低温热源

热泵可以回收自然环境（如空气、水和土壤）和其他低温热源（如地下热水、低温太阳热）中的低品位热能，也可以回收120℃以下的烟气废热。

（一）空气

能源消耗量的大小决定着我国国民经济的发展快慢。建设生态文明、推进新型城镇化节能绿色低碳发展、应对气候变化是当前和未来一个阶段建设领域内的发展目标和重点。在新的时代，我们要继续发挥行业的作用和功能，承担起建筑领域节能减排的重任，创造适宜的人工室内环境，满足人们工作、生活、生产的需求，同时加强暖通空调专业与其他相关专业的协作，在专业设计中充分体现设计创新、技术创新、理念创新的思路，使设计与创新有机地结合起来，共同推动我国建筑节能事业的发展，为我国可持续发展的低碳经济之路作出贡献。空气是热泵使用最广泛的热源，可以随时随地免费使用。空气可以在各种温度下提供一定量的热量，但是空气的比热容小。为了获得足够的热量并满足热泵温差限制，室外侧蒸发器需要大量空气。这增加了热泵的体积，并且还引起一定量的噪声。蒸发器中的工作流体温度与进气口温度相差约10℃。蒸发器从空气中吸收1kW的热量以及实际所需的空气，流量约为0.1m³/s（即360立方米/小时）。一般而言，在相同的容量下，热泵蒸发器的面积大于冷却蒸发器的面积。

空气热源的主要缺点是空气参数（温度、湿度）随地区和季节，白天和黑夜变化很大。空气参数的变化规则对带有空气热源的热泵的设计和运行有重要影响。主要特征如下：首先尽管单级蒸气压缩热泵在空气温度低至-20～-15℃时仍能工作，但此时的热系数大大降低，在正常操作期间，供热可能仅为50%或更少。

空气热源的另一个缺点是空气具有湿度。当空气流过蒸发器并冷却时，它将在蒸发器表面冷凝甚至冻结，热阻提高。国外的热量测量经验表明，热量收费系统是鼓励用户认真节约能源的最有效方法。据统计，加热包装费率制度已改为根据实际使用的热量向用户收费。在我国，健康采暖已经实施了很长一段时间，其能耗与用户的利益无关。环境气温低而相对湿度高时易结霜。事实上，结霜还与热泵的各具体工况和装置的情况有关。当室外温度低，空气中含湿量也低时，结霜并不严重。

（二）水

可供热泵作为热源用的水可分为两种：地表水（河川水、湖水、海水等）和地下水（深井水、泉水、地下热水等），水的比热容大，传热性能好，使用户的热交换设备相对紧凑。另外，水温通常稳定，因此热泵的性能良好。后电弧是机架背面的炉壁，它可以将机架上方激烈燃烧区域中的高温烟道气输送到前电弧区域，从而大大增加热量并提高温度，有效地增强了前电弧，该区域的辐射传热加快了点火。后拱点火效果由前拱完成，这就是为什么它也称为间接点火的原因。后电弧还具有直接点火的功能，这主要意味着后电弧携带高温燃烧气体，并且还使热碳颗粒向前传播并扩散到新的燃料层中，形成覆盖层热碳颗粒通过热传导加热不利的一面是设备必须靠近水源。其次，水的质量必须满足某些要求。传输管和热交换器的选择必须首先经过水质分析，以避免可能的腐蚀。

1.地表水

一般来说，只要冬季不冻结地表水，就可以将其用作低温热源。中国的长江和黄河流域地表水丰富，使用河流、湖泊和海洋作为低水平的热源可以取得更好的经济效果。相对于外部空气，地表水是高级热源。除了在严寒季节，地表水一般不会降到0℃以下，也没有结霜问题，因此有许多使用河水、湖水和海水作为热泵热源的例子。使用地表水作为低级热源时，应考虑清除悬浮的碎屑，系数也就越低。

2.地下水

深井水的温度全年基本上没有变化，这对热泵的运行非常有利。深井水温度通常比当地年平均温度高1～2℃。中国北方深井的水温为14～18℃，上海为20～21℃。根据国外和上海的经验，大量使用深井中的水会导致土壤下沉，水源逐渐枯竭。为了消除统仓送风所造成的空气供需不平衡，可把链条炉排下的统仓风室沿炉排长度方向分成几段，做成几个独立的小风。

每个小风室按该区段所需的空气量分别调节，这种送风方式称为分段送风，也称分区送风。因此，在使用深井作为热源时，可以采用“深井补给”的方法，采取“夏季灌溉和冬季使用”“冬季灌溉和夏季使用”的措施。所谓“夏季灌溉和冬季使用”，是指将夏季的城市热水或通过冷凝器排出的热水补给一定距离的另一口深井，即在地下蓄水层中储存热量，然后在地下冬季从井中提取，用作热泵的热源。相反，“冬季灌溉和夏季使用”不仅实现了地下蓄水层的蓄热作用，而且还防止了土壤的下沉。采用这种方法时，应注意补给水是否污染了地下水。

3.废水

（1）生活废水。生活废水是量大面广的低位热源。但是最大的问题是：如何存储足够的水以应对热负荷的波动，如何保持热交换器的表面清洁并避免水腐蚀。

近年来，城市污水成为一种受人关注的低温余热源，是水/水热泵或水/空气热泵的理想低温热源。污水源热泵系统是水源热泵系统的一种，具有很多优点：第一，水的比热容大。第二，水温的变化较室外空气温度的变化要小，低温黏结灰一般形成在低温受热面上。锅炉中的低温受热面是指受热面壁温低于或者稍高于烟气露点的受热面，如省煤器和空气预热器等。故污水源热泵的运行工况比空气源热泵的运行工况要稳定。第三，废水被用作水源热泵的热源/水槽。与以地下水为热源/水槽的水源热泵相比，在技术和经济上具有更多优势。

（2）工业废水。工业废水的形式多、数量大、温度高。有的工业废水可直接利用，有的可作为水源热泵的低位热源。例如，①冶金和铸造工业的冷却水。②从牛奶厂冷却器中排出的废水可以回收。水垢是受热面或传热表面上的附着物，碳酸盐水垢是低压蒸汽锅炉和热水锅炉受热面的主要垢种，也是循环冷却水系统和换热器传热表面的主要垢种，水垢的存在恶化了传热，降低了热交换效率。③作为加热清洗牛奶器皿的热水。④从溜冰场制冷装置中吸取的热量经热泵提高温度后可用于游泳池水的加热等。

（三）土壤

土壤和空气无处不在，它也是热泵低温热能的良好来源。由于土壤温度变化不大，因此换热器基本上不需要除霜。但是由于土壤的传热性能低，需要较大的传热面积，其占据较大的面积，尤其是水平埋管。土壤的能量密度为20~40W/m^2，通常25W/m^2是可以接受的。

第九节 热泵节能技术在供热机组中的应用

一、空气源热泵

空气是热泵的主要低温热源之一。建筑物内部排出的热空气也可以用作热泵的低温热源。当建筑物中的某些生产和照明设备具有更高的散热能力并有足够的热量可以去除时，这些热量可以用作热泵的低温热源。与使用外部空气作为低温热源相比，利用空气中的残留热量的热泵系统具有更高的热系数。

使用空气源热泵必须要考虑补充热源的问题。需要用其他辅助热源补充加热量，弥补热泵的这种供需不平衡，另外还要考虑热泵的除霜问题。冬季空气温度很低，导致空气源热泵的制热系数进一步降低。近年来的热泵应用情况证明，在我国长江流域中下游地区采用空气源热泵是成功的。

实际装置中的冷凝器可置于热水箱内，也可缠绕于热水箱的内壁外、保温材料内。前者传热效果好，但当自来水水质不太好时，可能出现腐蚀、结垢现象，且一旦发生工质泄漏时会在热水箱内形成高压，故必须在热水箱上装设安全泄压阀；后者的加工制作要求较高，传热略差，但安全性较好，腐蚀的危险性小。

二、水源热泵系统

（一）地表水系统

根据水源横向回路的关闭状态，地表水源热泵系统可分为两种：开放型和封闭型。开放式系统从湖泊或河流底部的一定深度抽水，然后将其送至设备的热交换器或中间热交换器，以与循环介质进行热交换。进行热交换后，将其从水位排出一定距离。密闭系统包括将换热盘管置于水体的底部，并通过盘管中的循环介质与水体进行热交换。在冬季温度相对较低的地区，为防止循环介质在加热期间结冰，通常将防冻剂用作循环介质。

对于江河等流动水体，由于换热盘管无法在水体中固定，一般常采用开式系统。在一些特殊的场合，如利用水下沉箱等装置来固定换热盘管，也可以采用闭式系统。对于相对滞留的水库或湖体等水体，既可以采用闭式系统，也可以采用开式系统。

系统的选择取决于特定条件，例如水温和水质。开放系统对水质有很高的要求，否则热交换器容易结垢、腐蚀和微生物生长。开放式系统需要将地表水提高到一定高度，因此泵头很高，但热交换效率也很高。开放式系统的初期投资较低，适用于大容量系统，例如区域供热和制冷系统。封闭的系统必须考虑在冬季最冷的区域中加热期间循环介质冻结的问题，防冻剂通常用作循环介质。

在开式系统中，按照水源侧和机组的换热方式的不同又可分为间接式和直接式两类，其主要区别就是在热泵机组与低温热源之间是否安装换热器。安装了换热器的系统就是间接式系统，没有安装换热器的系统就是直接式系统。在相同条件下，直接式地表水系统的制热及制冷效率比间接式系统高，因此在条件允许时应尽量采用直接式地表水系统。

为保证系统的安全和节能，地表水系统常与辅助系统结合，如与冷却塔系统及辅助加热系统等结合，统称为复合式地表水系统。

（二）地下水源系统

地下水热泵系统将热量从低温传递到高温，以实现目标的加热。地下水热泵系统适用于地下水资源丰富且允许开采的场合。

因为地下水的温度与空气相比是恒定的，所以冬季的水温较高，而夏季的水温较低。另外，与外部空气相比，水的比热容大，并且传热性能良好。地下水源系统的效率很高，只需要少量的电力就可以获得更大的热量或冷却能力，通常的比率可以达到1：4以上。

能源消耗量的大小决定着我国国民经济的发展快慢。建设生态文明、推进新型城镇化节能绿色低碳发展、应对气候变化是当前和未来一个阶段建设领域内的发展目标和重点。在新的时代，我们要继续发挥行业的作用和功能，承担起建筑领域节能减排的重任，创造适宜的人工室内环境，满足人们工作、生活、生产的需求，同时加强暖通空调专业与其他相关专业的协作，在专业设计中充分体现设计创新、技术创新、理念创新的思路，使设计与创新有机地结合起来，共同推动我国建筑节能事业的发展，为我国可持续发展的低碳经济之路作出贡献。根据地下水是否直接流过水源热泵单元，地下水源热泵系统可以分为两种类型：直接地下水源热泵系统和间接地下水源热泵系统。在地下水源间接热泵系统中，地下水流经中间热交换器并与建筑物中循环的水进行热交换，然后返回同一含水层。该系统可以防止地下水对水源热泵机组、水回路和配件的腐蚀和阻塞，减少外部空气与地下水之间的接触，防止水氧化地下水，并通过调节井的水流量等来方便地调节回路中的水温。

（三）海水源系统

海洋是可再生能源的大本营。除了将一部分太阳辐射能转换为洋流的动能，大部分还以热能形式存储在海水中。与空气相比，海水具有3996kJ/（m^3·℃）的高热容，而空气的热容仅为1.28kJ/（m^3·℃），因此在某些条件下，海水也是自然寒冷的良好来源。

当前，在供热通风与空气调节中使用海水资源的主要方法有两种：一种是海水源热泵，另一种是水源冷却系统。但也可以在特定条件下组合使用。

据估计，每1T的冷却水温度可使设备的冷却系数提高2%~3%。在冬季，通过热泵的运行，海水中的热量被提取并用于建筑物。管网系统用于加热和冷却，主要由海水进出水系统，在诸如瑞典和挪威的欧洲国家，该系统得到了广泛使用。

水源冷却系统的工作原理是利用一定深度的海水多年生低温特征。在夏季，这部分海水被用来在热交换器当中交换热冷水，在此基础上，对温度进行制备，当温度比较低的时候，能够在建筑物当中应用。这一系统是在海水的作用下进出水系统，并且受到热交换器以及冷水的分配管网作用。这一系统把海洋作为冷源，同时能够进行一定的替代，并且在很多国家都得到了应用。国外的热量测量经验表明，热量收费系统是鼓励用户认真节约能源的最有效方法。据统计，“大米饭”式加热包装费率制度已改为根据实际使用的热量向用户收费，海水的制冷量是否由热交换器使用，海水的热量是否由热泵转化，或者冷冻水可以通过冷气输送到空调。内部管道、建筑物的冷热负荷最终将转移到海水中。

（四）污水源系统

打开式和闭合式由进入热泵单元的热水承载体是闭合循环还是打开循环来定义。入口除湿液的温度越低，除湿量越大。这是因为相对较低温度的除湿液由于表面蒸气压低而促进了除湿过程，这有助于水从处理空气向除湿液的质量传递，因此降低除湿溶液的入口温度有利于增加除湿量。当水源直接进入热泵单元的蒸发器或冷凝器时，称为开放系统；如果二次水通过中间水进入蒸发器或冷凝器，则称为封闭系统。在开放式系统中，废水经防堵设备或防堵过程处理后，直接在热泵单元的蒸发器或冷凝器中处理。这种类型的系统适用于已经处理过的城市废水和工业废水。可以采取预防措施来防止管道和设备的短期阻塞（如果连续运行，通常在3~10天内发生堵塞），还需要采取防腐措施，例如使用钛、钛涂层，铝或钛镍合金涂层换热管等。

在密闭系统中，废水通过防堵塞设备或防堵塞过程进行处理，然后进入热交换器，并将冷热传给热交换器中的干净热水载体，从热泵单元进入蒸发器并形成一个闭环。

封闭系统可用于未经处理的城市废水（也称为未经处理的废水）。这种类型的水源包含大量的悬浮物（超过2%）以及大量的溶解有机物，并且水质较差，因此必须采取有效的防堵措施以防止管道和设备的即时堵塞。

三、土壤源热泵

土壤的蓄热性能好，温度波动小，是热泵的一种良好的低温热源。由于土壤温度的延迟，当室外空气温度非常低时，土壤层的温度更高，温度更稳定。因此，土壤被用作热泵的低温热源，比空气源更能适应建筑物的热负荷。部分人认为，土壤源热泵是地热利用技术之一。在短短的十年多时间里，我国地源热泵在浅层地热利用方面已跃居世界第二。

土壤源热泵系统主要由三部分组成：室外地热能交换器、水/空气热泵机组或水/水热泵机组、建筑物内空调末端设备。一般情况下，室外地热能交换器采用土壤-地埋管换热器。在冬季，热泵机组制热运行。水或防冻水溶液通过地埋管换热器吸收土壤热量，在循环水泵的作用下流经蒸发器，将热量传递给工质。在冷凝器中，工质将从土壤源吸收的热量连同压缩机消耗的功所转化的热量一起供给室内空气。

土壤源热泵系统的整体性能与土壤的热物性密切相关。土壤的热物理性能主要由土壤的初始温度、土壤的热导率和土壤的比热容来描述。土壤热物理性能参数的正确获得是决定整个土壤源热泵系统经济性和节能性的关键。

埋管式热交换器有两种类型：水平和垂直。当可用表面积较大且浅岩石和土壤主体的温度和热物理性质受天气、雨水和埋藏深度的影响较小时，管水平埋入，否则必须使用立式埋管换热器。

有很多因素会影响埋管换热器的性能、整个岩石和土壤体的物理特性，因此，如何细化埋管式换热器模型，更好地模拟埋管式换热器的实际情况，确定埋管式换热器的最佳尺寸是一个需要解决的问题。由于多孔介质中传热和传质问题的复杂性，大多数现有的埋管式换热器国际传热模型都使用纯热传导模型。

四、余热热泵

余热式热泵主要有压缩式余热热泵、吸收式余热热泵和压缩吸收式余热热泵等。

（一）压缩式余热热泵

压缩式热泵的工质与制冷机的工质大致相同，但是由于工作温度范围不同，系统的工作压力也不同。一般的制冷工质所能承受的最高温度在100℃左右，对于150℃以上的高温热泵，需要采用特殊的工质，例如氟利昂与油的混合物等。

（二）吸收式余热热泵

吸收式余热热泵可分为两类，即第一类吸收式热泵和第二类吸收式热泵。第一类吸收式热泵消耗的是高温热能，其温度高于热用户要求的温度，如高温烟气或蒸汽等。高温热能提供给发生器。第二类热泵是利用温度较低（如70～80℃））的余热作为热源，经热泵工作后，提供温度水平更高的热能（如100℃）给热用户。这不违反热力学第二定律。因为余热源的温度高于环境温度，它具有一定的烟，只要热泵提供的烟小于或等于消耗的热源的烟，在理论上就是可以实现的。

第十节 热泵的节能效益和环保效益

一、热泵的节能效益

热泵空调技术是空调节能技术的一种有效的节能手段，它不是像锅炉那样能产生热能，而是将热源中不可直接利用的热量提高其品位，变为可利用的再生高位能源，作为空调系统的热源。

目前，常用的传统空调热源有中、小型燃煤锅炉房，中、小型燃油、燃气锅炉房，热电联合供热的热力站，区域锅炉房供热的热力站，燃油、燃气的直燃机（溴化锂吸收式冷热水机组）等。这些供热方式的能源利用系数E分别为：

（1）小型燃煤锅炉房的供热系统E=0.5。

（2）中型燃煤锅炉房E=0.65～0.7。

（3）中、小型燃气、燃油锅炉，国内产品E=0.85～0.9，国外产品E=0.9～0.94。

（4）燃油、燃气型直燃机（直燃型溴化锂吸收式冷热水机组），冬季供热水工况E=0.9。

（5）对于热电联合供热方式，一般来说，电站锅炉损失为10%，发电机冷却损失为2%，发电为23%，供热量为65%，则E=0.88。

（6）电动热泵作为空调系统的热源，电站锅炉损失为10%，冷凝废热损失为50%，发电机损失为5%，输配电损失为5%，电动热泵制热性能系数 é 。取3.5，则电动热泵供热方式的有效供热量占一次能源的105%，即E=1.05。

（7）燃气驱动的热泵作为空调系统的热源，首先从周围环境吸取60%的热量（燃气机效率为30%，热泵的制热性能系数为3），并提高其温度；其次，从燃气机冷却水和排气热量中回收55%的热量。因此，该方式能源利用系数E可达1.45。

虽然从能量利用观点看，热泵作为空调系统的热源要优于目前传统的热源方式。但是，应注意其节能效果与效益的大小，取决于负荷特性、系统特性、地区气候特性、低位热源特性、燃料与电力价格等因素。因此，同样的热泵空调系统在全国不同地区使用，其节能效果与效益是不一样的。

二、热泵的环保效益

当今世界除了面临着能源紧张问题外，还面临着环境恶化问题。我们最关注的全球性环境问题有：CO_2、甲烷等产生的温室效应；二氧化硫、氮氧化合物等酸性物质引起的酸雨；氯氟烃类化合物引起的臭氧层破坏等环境问题，以及空调冷热源设备的运行过程中产生的直接或间接的环境污染问题。

众所周知，空调冷热源中采用的能源主要有煤、燃气、燃油、电力（火力发电为主）等，可以说，基本是矿物能源。暖通空调系统的能量消耗量很大，日本暖通空调系统的能耗量占总能源消耗量的13.9%，美国为26.3%。尤其是在公共建筑能耗中，空调系统的能耗占了最大比例。矿物燃料的燃烧过程又产生大量的CO_2、NO_x、SO_x等有害气体和大量的烟尘，将会造成环境污染和地球温暖化。近十年来，全球已升温0.3～0.6℃，使海平面上升10～25cm。

此外，我国的温室气体排放量也仅次于美国而居世界第二。对此，应引起暖通空调工作者的关注。

减少暖通空调冷热源CO_2、NO_x、SO_x和烟尘的排放量是当务之急，应采取下述有效措施来减少CO_2、NO_x、SO_x和烟尘的排放量：

（1）采取各种有效的技术措施，进行暖通空调系统的节能。

（2）暖通空调系统中要合理用能，提高矿物燃料的能源利用率。

（3）大力发展水力发电、核电，在暖通空调系统中使用非矿物燃料。

（4）发展可再生能源，在暖通空调系统中节约使用一次矿物燃料。

（5）采取各种有效的治理环境的技术措施。

热泵作为空调系统的冷热源，可以把自然界或废弃的低温废热变为较高温度的可用的再生热能，满足暖通空调系统用能的需要。这就给人们提出一条节约矿物燃料、合理利用能源、减轻环境污染的途径。

电动热泵与燃油锅炉相比，在向暖通空调用户供应相同热量的情况下，可以节约40%左右的一次能源，其节能潜力很大，CO_2排放量约可减少68%，SO_x排放量约可减少93%，NO_x排放量约可减少73%。这大大改善了城市大气污染问题。同时，对城市内的排热量约可减少77%，又可以大大缓解城市热岛现象。

因此，许多国家都大力发展热泵，把热泵作为减少CO_2、NO_x、SO_x排放量的一种有效方法。热泵空调的广泛应用，大大改善了城市环境问题。全球温暖化问题已成为人们瞩目的焦点，人们要求减少温室效应。也就是说，能源效率再次变得非常重要，这不是由于经济问题，而是出于环境原因。

但是，在热泵空调的应用中，还应注意氯氟烃类物质对环境的影响。氯氟烃类热泵工质会造成臭氧层耗减和温室效应。虽然蒙特利尔议定书以及议定书各方的合作已经成功地减少了对臭氧层破坏的威胁，但对于热泵空调来说，如何解决氯氟烃对臭氧层的破坏问题，仍是我们面临的一个重要问题，其解决途径主要有三个：一是对现有使用的热泵采取回收/再循环技术；二是积极寻找被淘汰受控物质的替代物；三是采用不破坏臭氧层的其他热泵方式（如溴化锂吸收式热泵等）。

参考文献

[1]张华伟.暖通空调节能技术研究[M].北京：新华出版社，2020.

[2]李响，桑春秀，王桂珍.建筑工程与暖通技术应用[M].长春：吉林科学技术出版社，2022.

[3]史洁，徐桓.暖通空调设计实践[M].上海：同济大学出版社，2021.

[4]周震，王奎之，秦强.暖通空调设计与技术应用研究[M].北京：北京工业大学出版社，2020.

[5]平良帆，吴根平，杜艳斌.建筑暖通空调及给排水设计研究[M].长春：吉林科学技术出版社，2021.

[6]张华伟.建筑暖通空调设计技术措施研究[M].北京：新华出版社，2020.

[7]刘炳强，王连兴，刁春峰.建筑结构设计与暖通工程研究[M].长春：吉林科学技术出版社，2020.

[8]中国建筑设计研究院有限公司.民用建筑暖通空调设计统一技术措施[M].北京：中国建筑工业出版社，2022.

[9]中国燃气控股有限公司，钱文斌.南方供暖实用技术[M].北京：机械工业出版社，2022.

[10]卢军，何天祺.供暖通风与空气调节[M].重庆：重庆大学出版社，2021.

[11]徐文忠.多热源环状管网供热技术[M].郑州：河南科学技术出版社，2019.

[12]田娟荣.通风与空调工程[M].北京：机械工业出版社，2019.

[13]张东放.通风空调工程识图与施工[M].北京：机械工业出版社，2023.

[14]申欢迎，张丽娟，夏如杰.通风空调管道工程[M].镇江：江苏大学出版社，2021.

[15]党天伟.制冷与热泵技术[M].西安：西北工业大学出版社，2020.

[16]张昌.热泵技术与应用[M].北京：机械工业出版社，2019.

[17]黄华，李敏.清洁供暖[M].北京：中国标准出版社，2020.

[18]江克林.暖通空调节能减排与工程实例[M].北京：中国电力出版社，2019.

[19]左然，徐谦，杨卫卫.可再生能源概论[M].北京：机械工业出版社，2021.

[20]程明，张建忠，王念春.可再生能源发电技术[M].北京：机械工业出版社，2020.

[21]程岫.可再生能源供热制冷新技术[M].北京：中国纺织出版社，2021.